Nils Schulze
Bernhard Denne

Visualisierung in Einsatz und Ausbildung

Verlag W. Kohlhammer

Allgemeiner Hinweis:
Für die feuerwehrtechnischen inhaltlichen Diskrepanzen/Fehler werden keine Haftungen übernommen.

Die Abbildungen stammen – sofern nicht anders angegeben – von den Autoren.

1. Auflage 2023

Gesamtherstellung: W. Kohlhammer GmbH, Stuttgart

Print:
ISBN 978-3-17-037370-9

E-Book-Formate:
pdf: ISBN 978-3-17-037372-3
epub: ISBN 978-3-17-037373-0

Kohlhammer

Inhaltsverzeichnis

Einleitung – oder: Warum überhaupt Visualisieren? ... **7**

1 Was ist Visualisierung und worum geht es? ... **9**

2 Voraussetzungen – Jeder kann Visualisieren! ... **15**

3 Worauf es wirklich ankommt – Reflektion der notwendigen Inhalte **16**

4 Das Handwerkzeug ... **18**

4.1 Struktur – Denn die Struktur einer visuellen Botschaft ist wichtig 18
4.2 Vorgehen – Operative Tricks, die das Visualisieren leichter machen 18
4.3 Die glorreichen Sieben – Sieben Elemente, die für Visualisierungen essenziell sind ... 24
4.3.1 Einfach und unkompliziert ... 24
4.3.2 Symbole und Piktogramme ... 24
4.3.3 Figuren ... 26
4.3.4 Schrift ... 28
4.3.5 Grafiken ... 29
4.3.6 Effekte ... 32
4.3.7 Farbe ... 33

5 Die Anwendungsfelder ... **36**

5.1 Kommunikation ... 37
5.2 Dokumentation ... 38
5.3 Probleme und zwischenmenschliche Konflikte lösen ... 41

6 Beispiele ... **47**

6.1 Visualisierung in Übungen ... 47
6.2 Visualisierung im Einsatz ... 51
6.3 Beispiele aus dem Alltag ... 55

7 Jetzt seid ihr an der Reihe – Vorlagen und Übungen ... **57**

7.1 Die kleine Zeichenschule ... 57
7.2 Übungen ... 65

Fazit **67**

Literaturhinweise **68**

Einleitung – oder: Warum überhaupt Visualisieren?

Wer kennt das nicht? Bei vielen Schulungen, Unterrichten und Weiterbildungen kommen PowerPoint-Präsentationen zum Einsatz, welche durch epische Länge, Unmengen von Informationen und Text charakterisiert sind. Gleiches findet sich auch in Standardeinsatzregeln oder Einsatzkonzepten wieder. Auch spielt der Faktor Zeit immer eine größere Rolle in der Gesellschaft. Wieviel Zeit kann und möchte ich mir für neue bzw. komplexe Sachverhalte nehmen?

Eine mögliche Folge davon ist, dass die meisten Zuhörer binnen kürzester Zeit gedanklich abschalten, den Wortregen über sich ergehen lassen und dabei andere Dinge in den Fokus ihrer Aufmerksamkeit stellen. Die Autoren zeigen auf, wie und warum der Zuhörer zu einem Zuschauer werden sollte – sprich: Wie die zu vermittelnden Aspekte und Informationen als einfache Bilder komprimiert dargestellt werden können, um damit den größtmöglichen Erfolg der Wissensvermittlung zu erzielen.

Die nachfolgenden Seiten setzen sich mit dieser Art von Perspektivenwechsel kontrovers auseinander und geben für den Praxisalltag mögliche Lösungsansätze. Die beiden Autoren sind sich dabei einig: »Visualisierung ist keine Kunst, sondern clevere Kommunikation!«

Der Einstieg in dieses Buch erfolgt – wie sollte es auch anders sein – mit einer Abbildung.

Bild 1: ***Wie es besser geht!***

1 Was ist Visualisierung und worum geht es?

Eine effektive Kommunikation verlangt heutzutage andere Kompetenzen als früher. Es genügt nicht mehr, einfach das geschriebene Wort vorzulesen. Vielmehr ist die visuelle Kommunikation wichtiger geworden. Es gilt zu verstehen, welche Macht den Bildern bei der Vermittlung wichtiger Botschaften innewohnt.

Bild 2: ***Worte, Bilder und Botschaften***

Wer kennt es nicht? Man sitzt vor einem Haufen Informationen, den man sich beim Lernen in kürzester Zeit einprägen muss und weiß überhaupt nicht, wie man all diese Wörter in seinem Kopf behalten soll. Oder man möchte einfach nur schnell etwas nachlesen, findet aber nicht sofort die richtige Stelle und muss sich erst mal durch unzählige Wörter wühlen. Und genau da setzt Visualisierung an.

Durch Visualisierung werden also Gedankengänge bildlich in Form von Textgestaltung oder einfachen Grafiken veranschaulicht oder verdeutlicht. Damit werden bestimmte Regionen im Gehirn angeregt, die es ermöglichen, sich Sachverhalte besser vorstellen und merken zu können und in kurzer Zeit die wichtigsten Informationen zu erfassen.

Bild 3: ***Vom Komplexen zum Einfachen***

Wagt man einen Blick in das Feuerwehrleben, so können wir die beschriebenen Aspekte auch hier finden. Aus- bzw. Fortbildungseinheiten, bei denen es im Rahmen eines Unterrichtes um die Vermittlung von theoretischen Inhalten geht, gelten generell bei den Feuerwehren nicht zu den beliebtesten Veranstaltungen. Gerade bei ehrenamtlichen Feuerwehren liegt eine zusätzliche Herausforderung vor, da hier die Aufmerksamkeit der Teilnehmer nach einem bereits absolvierten Berufsalltag erschwert gewonnen werden muss. Wie können wir also unsere Zuhörer erreichen?

Und genau darum geht es in diesem Buch. Es ersetzt kein Kunststudium und macht sie nicht zu einem Künstler, es ist kein Zeichenkurs und kein Design-Guide. Aber das soll es auch nicht und das brauchst Du auch nicht, Du wirst großartig zurechtkommen auch ohne künstlerische Ausbildung. Visualisieren hat nichts mit Kunst zu tun, wobei eine wirklich gute Visualisierung eine »Kunst« ist, aber wegen anderer Aspekte, wie Du im Verlauf des Buches lernen wirst!

Alles, was wir vermitteln wollen, ist die Tatsache, dass jeder visualisieren kann und dass es immense Vorteile bringt, Visualisierungen einzusetzen. Zudem stellen wir Dir vor, wie Du Visualisierung einsetzen solltest, ergänzt mit Tipps und Tricks zur Anwendung und der konkreten Umsetzung!

Wenn Du Dich darauf einlassen kannst, und das ist mit Verlaub vermutlich die größte Herausforderung, dann wird ein Erfolg so gut wie sicher sein! Wir wollen die Tür öffnen, das Konzept der Wissensvermittlung anders anzugehen und Schulungen, Präsentationen sowie Kommunikation zu überdenken!

Eines noch vorweg! Die Visualisierung von Information zur Vermittlung von Information bringt wie im Buch dargestellt einige Vorteile mit sich. Bildinformationen werden viel schneller erfasst und deshalb vom Gehirn auch schneller verarbeitet und können leichter wieder abgerufen werden – der Mensch denkt in Bildern und nicht in Times New Roman, Schriftgröße 12, Zeilenabstand 1,5 und Blocksatz. Im Gegensatz zu einem einfachen Bild benötigt ein Text viel mehr Zeit, um ihn lesen und verstehen zu können.

Bild 4: ***Ausschnitt aus der Vortragspräsentation – wir denken in Bildern***

Aber Achtung: Natürlich überträgt die Textbeschreibung weitaus mehr Informationen und die geschriebene Welt ist nach wie vor unerlässlich, um umfassende wissenschaftliche Abhandlungen zu verfassen und zu kommunizieren!

Der Ansatz der Visualisierung ersetzt das geschriebene Wort nicht, ist aber in bestimmten Anwendungsfeldern zielführender. Eine Zeichnung vermittelt die Kernbotschaft anschaulicher und bringt es auf den Punkt. Durch eine zu hohe Komplexität oder zu viele gleichzeitig eintreffende Informationen entsteht ansonsten Verwirrung, man beginnt abzuschalten und der Sinn der Information kann nur noch schwer erfasst werden. Wenn der Fokus auf dem Wesentlichen liegt, wie bei einer einfachen Zeichnung, fällt es dem Empfänger viel einfacher die Informationen tatsächlich zu verstehen.

Ein einfaches und sehr schönes Beispiel hierzu:

An einem Abend im Herbst 2016 entspannten Lenny D. und sein Vater vor dem Fernseher bei einer Kochsendung. Lennard hatte damals mit seinen sechs Jahren aus der »Not« heraus, der Vater weigerte sich an jenem Abend ein Rezept eines bekannten Fernsehkoches mitzuschreiben, die Zutaten selbst »aufgeschrieben«. Da er aber zu dem Zeitpunkt weder lesen noch schreiben konnte zeichnete er also einfachste Bilder und war mithilfe seiner eigenen Visualisierung in der Lage das Rezept noch Tage später wieder problemlos abzurufen. Das Kochergebnis – mit Vaters Unterstützung – konnte sich sehen lassen.

Wenn ein sechsjähriges Kind so etwas kann, dann kannst Du das auch. Und wenn es dazu bei ihm auch noch funktioniert, dass Informationen durch Zeichnen/Skizzieren nachhaltig abgespeichert werden, dann funktioniert das bei uns erst recht.

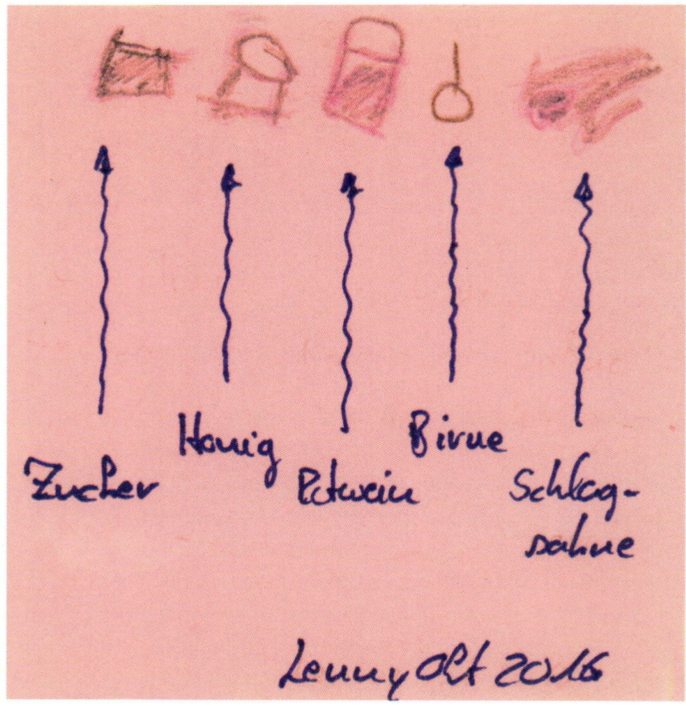

Bild 5: ***visualisiertes Kochrezept eines 6-jährigen Jungen (Quelle: Lenny D.)***

Einige ergänzende Fakten hierzu:

Wie bereits erwähnt, nehmen wir einen Großteil aller Informationen über die Augen wahr. Nur ein vergleichsweise kleiner Anteil (ca. 20 %) werden mittels der übrigen Sinnesorgane aufgenommen, darunter auch die Ohren mit gerade mal 11 % (FMEA o. A.). Wir können heute von einer »Generation Smartphone« sprechen. Es gibt einige Studien, beispielsweise durch das Max-Planck-Institut (Lorenz-Spreen et al. 2019), die zeigen, dass sich die Aufmerksamkeitsspanne immer weiter reduziert und mittlerweile bei ca. 10 Sekunden liegt – laut einer Microsoft-Studie aus 2015 sogar nur bei 8 Sekunden. Ein Phänomen, das wir bei unseren Lehrgängen und Schulungen gerade bei der jüngeren Generation ebenfalls immer wieder beobachten können!

Einen Text zu erfassen und zu verstehen, kostet wertvolle Zeit, da wir erst in seiner Gesamtheit den Inhalt und die Relevanz ermitteln können. Bilder oder Symbole hingegen sind uns auf den ersten Blick klar. Anders ausgedrückt: durch Visualisierung werden Gedankengänge bildlich in Form von Textgestaltung oder einfachen Grafiken veranschaulicht oder verdeutlicht. Damit werden bestimmte Regionen im Gehirn angeregt, die es ermöglichen, sich Sachverhalte besser vorstellen und merken zu können und in kurzer Zeit die wichtigsten Informationen zu erfassen.

83% der Informationen nehmen wir über die Augen wahr. Unsere visuelle Veranlagung trägt dazu bei, dass wir in der Lage sind, 41% dieser Informationen auch zu behalten. Im Vergleich dazu haben wir lediglich 11% der Informationen gehört und davon sind wir in der Lage, nur 2% zu behalten.

Zudem dauert es lediglich 150 ms bis wir ein Symbol erkennen und weitere 100 ms um dieses zu verstehen. Das ist 60.000-mal schneller, als wir Text erfassen können.

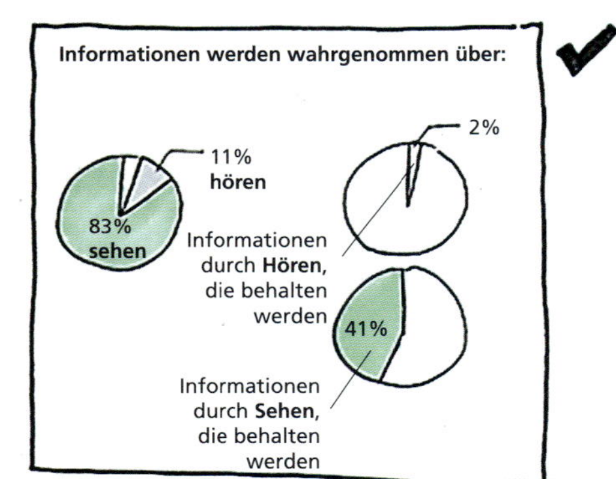

Bild 6: ***Visualisierung schafft Übersicht!***

Bild 7: ***Warnungen und Hinweise schnell erklärt***

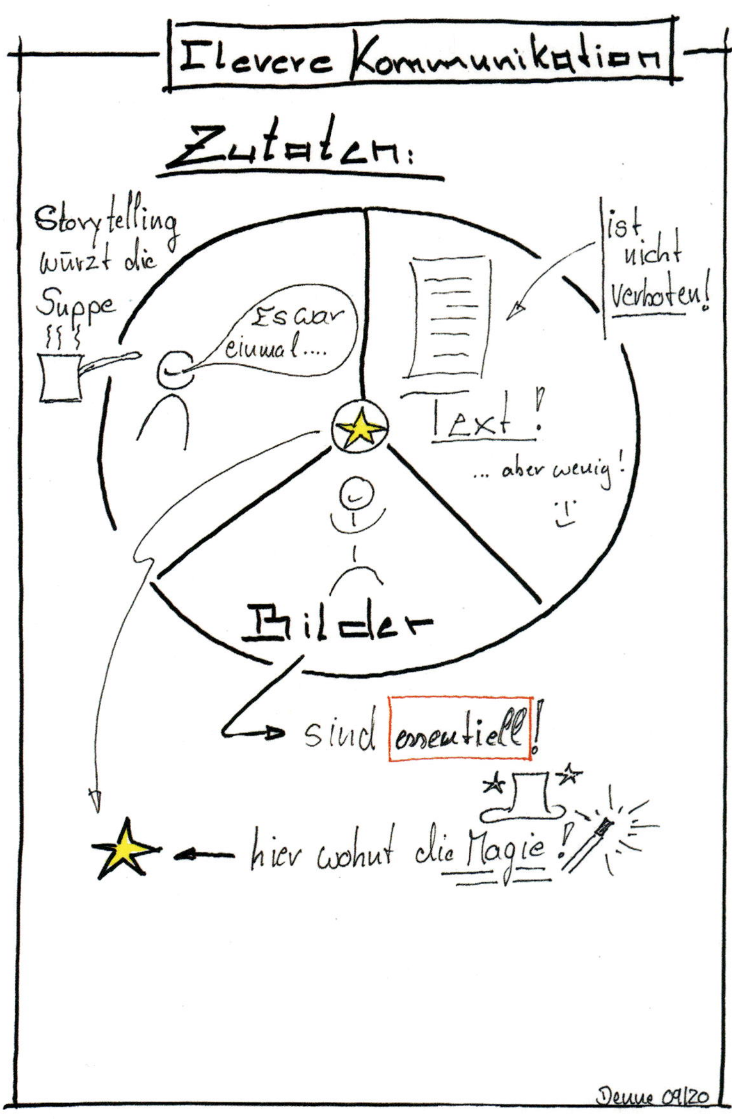

Bild 8: ***Die Zutaten cleverer Kommunikation***

2 Voraussetzungen – Jeder kann Visualisieren!

Der Weg zur Beherrschung der Visualisierung beginnt mit der Entscheidung und mit dem persönlichen Bekenntnis zum Handeln. Der Mut entspringt der Entscheidung, es zu tun. Die Vorrausetzung sind also denkbar günstig. Du brauchst als wesentlichen Bestandteil Deiner Entscheidung nur mit der Visualisierung zu beginnen und die Kraft Deiner inneren kritischen Stimme, die Dinge sagt wie: »Das kann ich nicht«, »Das sieht doof aus«, »Das ist mit peinlich«,» Das will ich keinem anderen zeigen«, Einhalt zu gebieten! Fang am besten klein an! Übe mit einfachen Dingen, lass Dich von den vielen Bildern des täglichen Lebens in Zeitschriften und den digitalen Medien sowie anderen Visualisierungen inspirieren und leiten, bis Du Deinen eigenen Stil gefunden hast!

Schaff Dir eine für Dich attraktive Zeichenausrüstung an. Eine, die Du gerne in die Hand nimmst, deren Verwendung Dir Spaß macht und die Du überall mit hinnehmen kannst. Unsere Empfehlung ist ein DIN A4-Ringbuch (das man problemlos ganz und vor allem flach aufklappen kann!) mit etwas dickerem säurefrei gebleichtem Papier. Dazu ein paar Stifte: Bleistifte in den Härtegraden HB, 2B, 4B, einen Radiergummi sowie Fineliner und Marker in den Farben schwarz, rot, blau, gelb und grün. Die weitere Ausrüstung wirst Du Dir im Laufe Deiner Visualisierungskarriere selber individuell zusammenstellen und ergänzen, abhängig von den Anforderungen Deines Umfeldes und Deinen persönlichen Ansprüchen. Ladengeschäfte, die Künstlerbedarf anbieten sowie Online-Händler bieten hier eine schier unerschöpfliche Quelle an Material und Inspiration!

3 Worauf es wirklich ankommt – Reflektion der notwendigen Inhalte

»Wir verplempern unser Leben mit Details. Vereinfachen sie! Vereinfachen Sie!«
Henry David Thoreau, amerikanischer Schriftsteller und Philosoph

Zu lang oder mit unnötigen Informationen gefüllt, das kennzeichnet leider sehr viele Präsentationen. In vielen von uns existiert der unsinnige Glaubenssatz »Viel wirkt wichtig« oder aber wir unterliegen der Angst zu wenig zu zeigen, das könnte ja interpretiert werden als »Ich weiß zu wenig«. Man muss sich darüber Gedanken machen, und das ist man dem Zuhörer schuldig, was er wissen und mitnehmen sollte und was nicht! Alles zeigen und alles sagen kann jeder. Es sind die Meister der Präsentationskunst, die wissen, was sie weglassen sollten, und auch den Mut dazu aufbringen, dies zu tun. Nimm Dir also die Zeit, die notwendigen Inhalte Deiner geplanten Präsentation sorgsam zu reflektieren, denn ohne Frage ist das eine der wichtigsten und für den Erfolg entscheidenden Schritte.

Im Idealfall hast Du die Möglichkeit, Dich in Deine »Kreativzone« zu begeben, d. h. Du bist an einem Ort der Dir ein entspanntes kreatives Umfeld anbietet und in/an dem Du Dich wohl fühlst. Du hast Deinen Block und Bleistift bzw. Arbeitsmaterial zur Hand. Lass Deinen Geist zur Ruhe kommen, betrachte Dein Vorhaben aus der »Helikopterperspektive« und reflektiere folgende Fragen:

- Wer sind meine Zuhörer/Zuschauer und wieviel Zeit steht mir zur Verfügung?
- Welchen Hintergrund haben sie und was erwarten sie von mir?
- Warum wurde ich gebeten, diese Präsentation zu halten und welche Inhalte wurden angefragt?

Sobald das geklärt ist kommen wir zu den entscheidenden Elementen:

- Wovon möchte ich meine Zuhörer/Zuschauer überzeugen?
- Welches Ziel verfolge ich mit der Präsentation und worauf kommt es mir an?

Denn die wirklich allerwichtigste Frage ist: Wie lautet meine Kernaussage und wie soll sie aussehen?

Geh vom schlimmsten Fall aus (und der tritt öfter ein als Du glaubst!), dass sich der Zuhörer/Zuschauer nur einen Sachverhalt bzw. eine Aussage merken und für sich mitnehmen kann … welche sollte das dann sein!

Damit birgt die Visualisierung eine große Herausforderung für den Autor: Worum geht es mir wirklich! Was ist der Kern von dem, was ich hier vorhabe! Sofern man sich diese Mühe gemacht hat, und ja es ist meist mit Mühe verbunden für sich selbst diese Klarheit zu schaffen, liegt die Kunst nur noch in der Umsetzung dieser Botschaft!

Trenn Dich in dieser Schaffensphase von allen unwichtigem und unnötigem Beiwerk, das Dein Gegenüber nur verwirrt. Die Mühe, die Du Dir machst, ergibt das Geschenk an Deine Zuhörer/Zuschauer und es wird dankbar angenommen werden!

»Durch die Reduktion eines Bildes auf seine grundlegende Aussage erhöht der Künstler dieser Aussage«
Scott Mc Cloud, US-amerikanischer Comic-Künstler und -Theoretiker

Komm auf den Punkt und hör vor allem auf, Dir Sorgen zu machen, ob Dein Bild was taugt oder nicht. Solange Deine Botschaft klar erkennbar ist und Du dafür brennst, dann los! Informiere und inspiriere Deine Zuhörer und Zuschauer.

4 Das Handwerkzeug

4.1 Struktur – Denn die Struktur einer visuellen Botschaft ist wichtig

Sind die Inhalte definiert, muss man diese notwendigerweise in eine logische Struktur bringen. Du musst aber auch eine Verbindung zum Publikum herstellen und damit sowohl die logische als auch die emotionale Seite Deines Publikums ansprechen.

»Einfachheit ist die höchste Form der Raffinesse«
Leonardo da Vinci

Dabei gibt es mehrere Möglichkeiten, Sachverhalte visuell darzustellen:

- Textgestaltung, z. B. Schriftarten, Spiegelstriche
- Grafische Mittel, z. B. Diagramme, Zeichnungen
- Komplexe Zusammenhänge, z. B. Schaubilder, Infografik

4.2 Vorgehen – Operative Tricks, die das Visualisieren leichter machen

»Bleibe locker und nimm Dich nicht zu ernst«

Visualisierung ist wie eine eigene Sprache, die sich wie jede andere Sprache auch erlernen lässt. So wie auch in allen anderen Bereichen bringen manche Menschen mehr Talent mit und anderen fällt es etwas schwerer. Um Dir den Weg zum professionellen Visualisieren zu erleichtern und eventuell auch zu verkürzen, möchten wir Dir jetzt zuerst ein paar Grundregeln zeigen.

Regel 1: Leg einfach los

Selbst berühmte Künstler kennen die Angst vorm weißen Papier. Man weiß nicht, wo man anfangen soll und befürchtet, gleich zu Beginn Fehler zu machen. Dabei hilft es, die im Folgenden erwähnten Regeln zu beachten und sich anhand des kurzen Leitfaden zur Visualisierung I und II (siehe Bild 16 und 17) eine grobe Einteilung des Blattes vorzunehmen. Dadurch muss man sich nur mit abgegrenzten Feldern beschäftigen und arbeitet sich so Schritt-für-Schritt voran.

Bild 9: ***Es braucht nicht viel für eine Visualisierung***

Regel 2: Skizzieren ist nicht Malen

Beim Malen wird mit der Fläche gearbeitet, wodurch Vorder- und Hintergrund entstehen. Bei einer Skizze dagegen arbeitet man mit Linien. Das heißt, realitätsnahe Schattierungen und komplizierte Darstellungen werden hier vermieden, indem die Skizzen nur das Wesentliche zeigen und somit schnell und einfach erstellt werden können.

Bild 10: ***Einfache Darstellung haben den gleichen Nutzen***

Regel 3: Lerne durch Fehler

Auch Profis machen Fehler. Die Kunst besteht allerdings darin, diese Fehler anzunehmen und zu nutzen. Wenn der Fehler nicht wieder wegradiert werden kann, hat das sogar Vorteile. Man überlegt, wie man diesen Fehler nun überzeichnen kann und beginnt dadurch, sich noch intensiver mit der Zeichnung auseinander zu setzen.

Regel 4: Setze Prioritäten

Bei Visualisierungen ist es sehr wichtig, entscheiden zu können, welche Elemente für das Verständnis notwendig sind, und welche nicht. Denn das ist der eigentliche Sinn einer Visualisierung: die wesentlichen Punkte zu erfassen, um einen Sachverhalt schnell und einleuchtend zu erklären. Zu viele Details werden zu unübersichtlich und verwirren. Nimm dir zum Beispiel ein paar Urlaubsfotos und überlege, welche Elemente wesentlich sind, um das Bild zu beschreiben.

Bild 11: ***Auf das Wesentliche fokussieren***

Regel 5: Skizziere immer wieder nebenher

Kennst du das, wenn einem langweilig ist und man beiläufig beginnt ein Papier auszumalen? Jeder kritzelt dabei unterschiedlich. Nutze Visualisierung erst einmal als Mittel zur Entspannung und probiere dabei neue Formen und Stifte aus.

Bild 12: ***Skizziere immer wieder nebenher***

Regel 6: Skizziere Schritt für Schritt

Überlege Dir bei komplexeren Skizzen immer vorher, wie Du vorgehen willst. So vermeidest Du Fehler, wenn sich die Zeichnung nicht mehr wegradieren lässt. Fange am besten immer zuerst mit den Grundformen an und werde dann detaillierter. Außerdem solltest Du Dich vom Vordergrund zum Hintergrund durcharbeiten. Bei Texten dagegen kommen die Rahmen immer erst am Schluss dazu.

Bild 13: ***Vom Vordergrund zum Hintergrund zeichnen***

Regel 7: Nutze Text-Elemente

Setze geschickt Texte ein, um Deine Zeichnungen zu verdeutlichen. Text und Zeichnung sollten sich gegenseitig unterstützen. Also versuche nicht, andere das Thema erraten zu lassen, indem Du komplizierte Sachverhalte nur durch zeichnen erklärst.

Bild 14: ***Nutze Texte da, wo sie sinnvoll erscheinen!***

Regel 8: Bleib bei einfachen Grundelementen

Bilder sind oft einfacher aufgebaut, als man denkt. Aus simplen geometrischen Formen kann tatsächlich einiges entstehen. Wir zeigen dir gleich noch, welche Grundelemente Du auf jeden Fall parat haben solltest, um eindeutige Bilder zu zeichnen. Das vereinfacht nicht nur Dir das Zeichnen, sondern ermöglicht auch Deinem Gegenüber, die Bilder schneller zu erfassen.

Bild 15: ***Die einfachen Grundelemente***

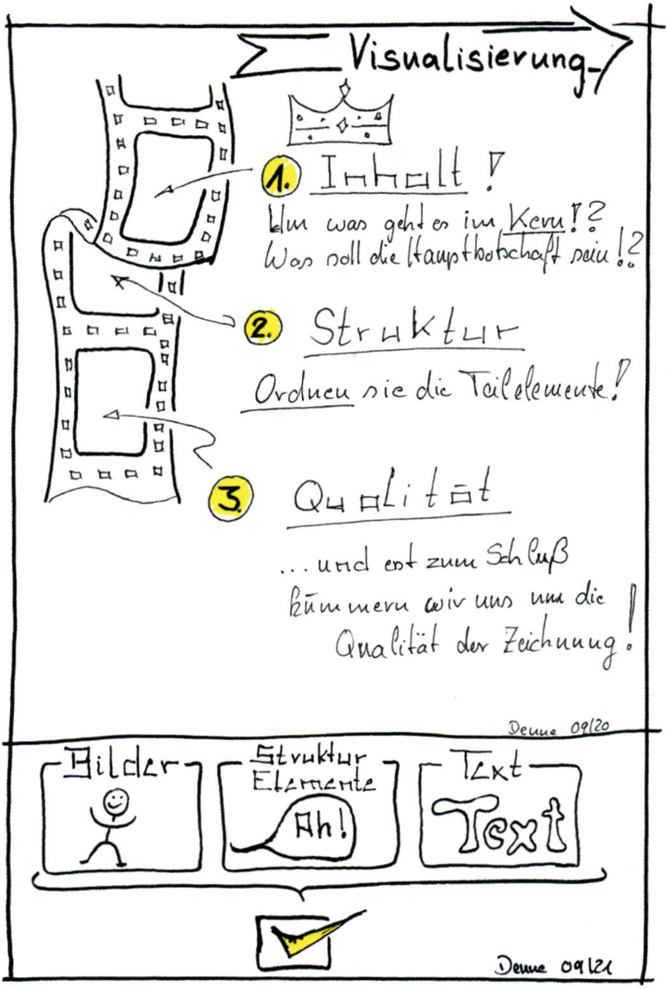

Bild 16: ***Ein kurzer Leitfaden zur Visualisierung I***

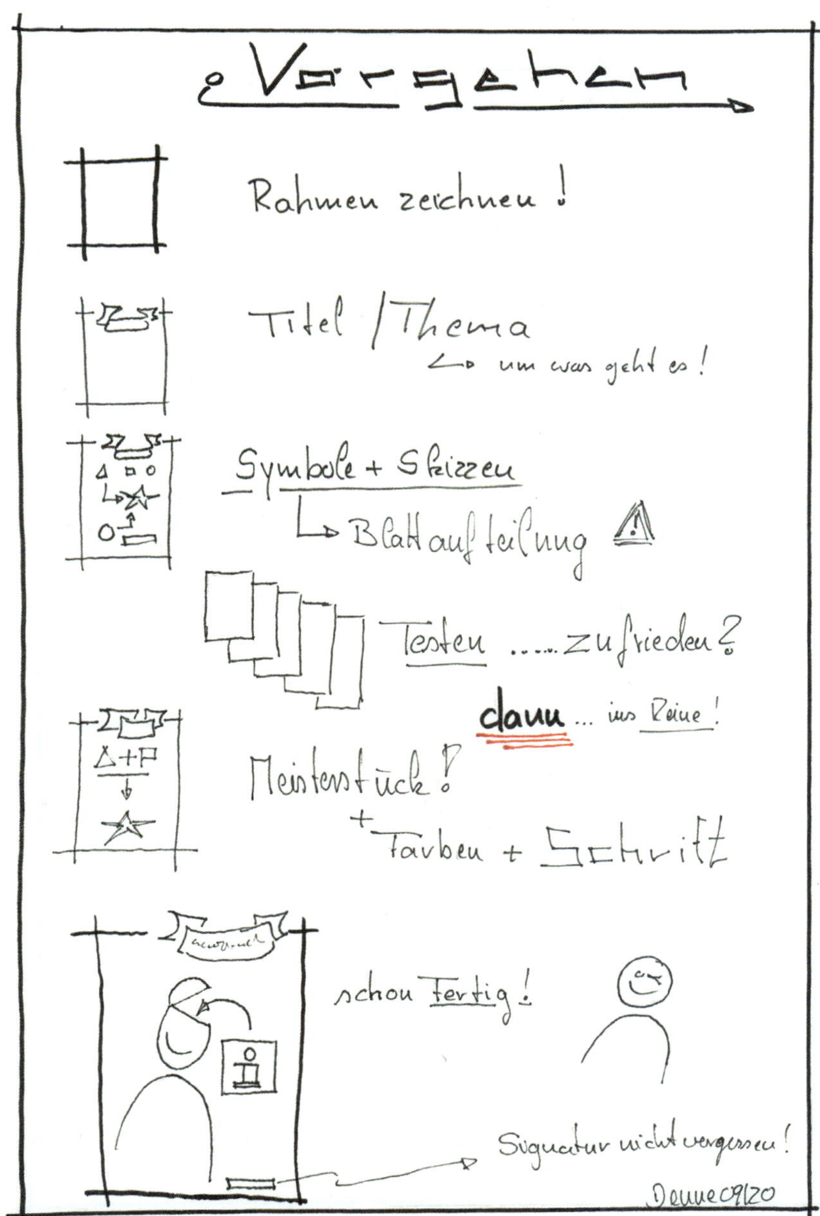

Bild 17: ***Ein kurzer Leitfaden zur Visualisierung II***

4.3 Die glorreichen Sieben – Sieben Elemente, die für Visualisierungen essenziell sind

Als nächstes möchten wir Dir gerne sieben Elemente vorstellen, die für Visualisierungen essenziell sind. Diese kleine Sammlung beinhaltet alles, was Du für gutes Visualisieren benötigst, egal welches Thema Du behandeln möchtest. Wenn Du also mal nicht weißt, was Du zeichnen oder wie Du etwas darstellen sollst, kannst Du Dich hier inspirieren lassen. Da die visuelle Sprache wie eine Fremdsprache ist, lässt sie sich dementsprechend erlernen. Um sich sprachlich verständlich zu machen, wie bei jeder Fremdsprache, muss man also das Vokabular und ein paar Regeln beherrschen. Genauso verhält es sich auch beim Visualisieren. Aus der Anordnung einzelner Buchstaben entstehen Worte, aus der Anordnung einzelner Grundelemente werden komplette Bilder zusammengesetzt.

4.3.1 Einfach und unkompliziert

Beim Visualisieren kommt es, wie bereits erwähnt, auf die Einfachheit an. Denn je klarer die Zeichnung und die Struktur, desto schneller kann der Inhalt erkannt und erfasst werden. Eine simple Hilfestellung ist dabei: Überlege Dir, was einen bestimmten Gegenstand oder ein Thema besonders ausmacht, also woran man ihn sofort erkennt, und was genau Du damit aussagen bzw. in welchen Kontext Du es setzen möchtest.

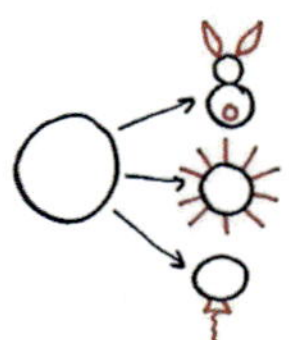

Ein Hase wird allein durch seine Ohren erkennbar

Die Sonne durch ihre Strahlen

Bei einem Ballon sind dagegen Knoten und Seil wichtig

Bild 18: ***Einfach und unkompliziert gestalten***

4.3.2 Symbole und Piktogramme

Piktogramme sind ein essenzieller Bestandteil jeder Visualisierung. Benutze wann immer möglich Symbole, die jeder schon einmal gesehen hat, die allgemeingültig sind und die man sofort zuordnen kann. Das erleichtert die Arbeit immens, denn Piktogramme sind aussagekräftig, bildhaft und meist einfach zu zeichnen und helfen dabei, Inhalte und Botschaften zu vermitteln. Ein Symbol oder Piktogramm kann dabei grundsätzlich zwei Bedeutungen haben: ikonisch oder symbolisch. Ein Herz zum Beispiel steht für Liebe/Zuneigung, aber auch für das Leben. In der Kombination mit Text oder anderen visuellen Elementen wird meist klar, welche Bedeutung das Piktogramm dann hat. Erscheint ein Symbol öfter im Verlaufe der Visualisierung, so entscheide Dich für eine grundsätzliche Bedeutung, um Verwirrungen auszuschließen. Wenn eine Glühbirne für eine »Idee« steht und ein »Blitz« für einen Widerspruch, dann bleib auch dabei.

Über die allgemein gültigen Symbole hinaus wirst Du aber auch noch weitere brauchen, die Deinem persönlichen Kontext entsprechen und Dein Themengebiet bedienen. Hierzu wirst Du Dir einmalig eine sogenannte Bilderbibliothek aufbauen müssen. Das ist leichter als man glaubt und Du kommst mit wenigeren Bildern aus als Du zu Beginn angenommen hast. Nimm Dir die Muse in einer ruhigen Minute diese Bilder zu entwerfen. Überlege Dir, welche Du brauchst und wie Du diese Dinge möglichst einfach bildhaft ausdrücken könntest. Einmal erledigt, kannst Du diese Bilder mit ein wenig Übung immer wieder einsetzen. Die Zuschauerschaft dankt es Dir, denn der Wiedererkennungseffekt tritt schnell ein und erleichtert damit das Erfassen der vermittelten Information.

Hier ein paar Beispiele für die (fast) weltweit bekannten Symbole:

Bild 19: ***Bekannte Symbole***

4.3.3 Figuren

Eine erfolgreiche Visualisierung kommt oftmals nicht ohne Figuren aus. Ob nun Mensch oder Tier, sie zeigen Handlungen, verdeutlichen Stimmungen und lockern ein trockenes Thema schnell auf. Mit ihrer Hilfe personalisiert man die Visualisierung und sie helfen, eindrucksvolle Geschichten zu erzählen, die man in Erinnerung behält.

Achte dabei allerdings immer darauf, den Kopf groß genug zu zeichnen, um bei Bedarf noch ein Gesicht und damit Emotionen einfügen zu können! Genauso wie im wirklichen Leben drücken wir über das Gesicht und unsere Mimik einen Großteil unserer Emotionen aus und so können einfache Striche als Augenbrauen oftmals sehr viel mehr aussagen als komplexe aufwändige Zeichnungen!

Hier ein kleiner Crash-Kurs im Figuren-Zeichnen:
Ganz einfach einen Menschen zeichnen mit der Two-Do-Methode:

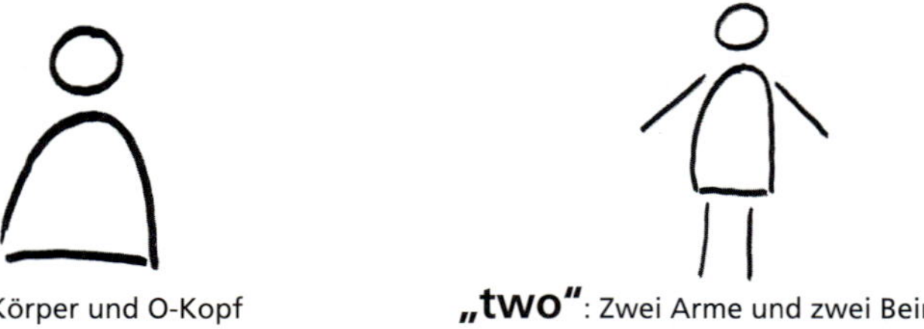

„Do": D-Körper und O-Kopf **„two"**: Zwei Arme und zwei Beine

Bild 20: ***Die simple Darstellung von Menschen***

Natürlich gibt es noch viele weitere Möglichkeiten, einen Menschen darzustellen:

Bild 21: ***Weitere Darstellung von Personen***

Ein ebenso wichtiger Aspekt sind die Hände, da sie ein integraler Bestandteil der nonverbalen Kommunikation sind. Sie können ebenfalls in verschiedener Weise gezeichnet werden und unterstützen damit die emotionale Aussage:

Bild 22: *Hände – ein wichtiges Element der nonverbalen Kommunikation*

Überlege Dir vorher, welche Elemente für Deine zu vermittelnde Botschaft wichtig sind und lass den Rest einfach weg. Nicht immer sind Arme und Beine oder Gestiken nötig! Überlege also vorher, was man von Deiner Figur sehen soll, und ob Deine Figur gerade in Aktion sein muss oder nicht.

Um nun Emotionen auszudrücken, werden nur noch Gesichter hinzugefügt. Mit Hilfe der Augenbrauen-Mund Regel kannst Du recht einfach viele Emotionen darstellen. Wenn Augenbrauen und Mund kreisförmig um den Kopfmittelpunkt hingezeichnet werden, entsteht ein positiver und freundlicher Gesichtsausdruck. Wenn Augenbrauen und Mund in ihrer Ausrichtung zum Kopfmittelpunkthin gelenkt gezeichnet werden, entsteht ein negativer und abweisender Gesichtsausdruck.

Hier haben wir ein paar Beispiele:

Bild 23: *Emotionen und Gesichtsausdrücke*

Um gezeichnete Figuren unterscheidbar zu machen und Kontexten klar zuzuordnen, sollte man sie mit den kontextbezogenen typischen Accessoires schmücken. Sie helfen dabei, Personengruppen zu kennzeichnen, zwischen Männern und Frauen zu unterscheiden oder verschiedene Berufe und Altersklassen sowie andere Aspekte zu vermitteln.

4.3.4 Schrift

Die Schrift ist ein weiterer wichtiger Bestandteil von visuellen Notizen. Jeder Mensch hat seine eigene, individuelle Schriftart, die für andere Menschen mehr oder weniger lesbar ist. Schriftarten lassen sich aber auch erlernen und können und sollten auch kreativ ausgebaut werden. Durch das Verwenden unterschiedlicher Schriften können Strukturen geschaffen und Themenzugehörigkeiten verdeutlicht werden. Ein entsprechend geschriebenes Wort unterstreicht auch die Bedeutung des Wortes an sich und lockert darüber hinaus die Visualisierung künstlerisch auf. Dabei kann jeder der Kreativität freien Lauf lassen!

Achte allerdings darauf, dass die Schrift einfach zu lesen ist! Deshalb ist es besser bei Druckbuchstaben zu bleiben, wobei Du auch hier zwischen sehr vielen Stilen wählen kannst:

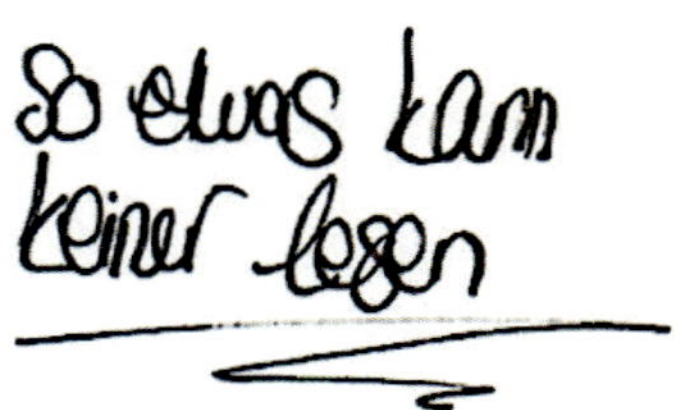

Bild 24: ***Schriftzüge***

Stil, Größe, Dicke, Farbe oder andere dekorative Schriftvarianten helfen, Überschriften und wichtige Schlüsselbegriffe kunstvoll zu gestalten und visuell hervorzuheben und den Blick des Betrachters auf das Wichtige zu richten sowie um Aufmerksamkeit zu erregen.

Fette Schrift

GROSSBUCHSTABEN

Gross- & Kleinbuchstaben

Bild 25: ***Hier drei Tipps für eine klare, gut lesbare Schrift***

Der am häufigsten gemachte Fehler: Man schreibt in der eigenen typischen alltäglichen Schreibgeschwindigkeit – ACHTUNG! Zeichne die Wörter nicht in Eile, sondern Buchstabe für Buchstabe, es ist mehr eine »Zeichnung« denn eine Schrift! Wenn Dir das gelingt, kannst Du an Qualität und Tempo arbeiten, was Übung erfordert! Bleib entspannt und locker in Hand und Arm sowie in Deinem Griff, um beim Schreiben nicht zu stark zu verkrampfen.

4.3.5 Grafiken

Das Element Grafiken beinhaltet weitere verschiedene Arten an Grafikelementen. Wir haben hier die unserer Meinung nach wesentlichen Elemente aufgeführt, die man immer gebrauchen kann:

Sprech- und Denkblasen

Sprech- und Denkblasen kommen ursprünglich aus Comics und helfen dabei, Aussagen den dargestellten Personen bzw. Figuren zuzuordnen und mit Emotionen zu versehen. Dafür umrandet man einfach die entsprechende Aussage mit der passenden Blase und verbindet sie mit der Figur.

Die Form der Blasen gibt Auskunft darüber, ob es sich um einen Denk- oder Sprechvorgang handelt und welche Stimmungen wie z. B. Wut, Angst und Freude damit verbunden sind.

Bild 26: ***Sprech- und Denkblasen***

Trenner und Gliederungspunkte

Durch Trenner lassen sich Informationen optisch gliedern. Dadurch schafft man Struktur und Übersichtlichkeit. Sie schaffen optische Grenzen und helfen, die Informationen sinnvoll zu gliedern. Da die Struktur einer visuellen Botschaft entscheidend für das schnelle Erfassen und das Verständnis derselben ist, sollte man die Wirkung nicht unterschätzen! Gliederungspunkte unterstützen weiterhin die Struktur von Geschriebenem, heben Ideen hervor oder ordnen sie in mehrere Teile.

Bild 27: ***Trenner und Gliederungspunkte***

Container und Boxen

Durch Umrahmungen wird auf bestimmte Inhalte nochmal gesondert hingewiesen. Der Container fungiert dabei als Behälter für diesen Inhalt und kann schon auf dessen Wichtigkeit und Zugehörigkeit schließen lassen. Sie helfen dabei, Inhalte zu gruppieren und auf bestimme Orte und Infos hinzuweisen.

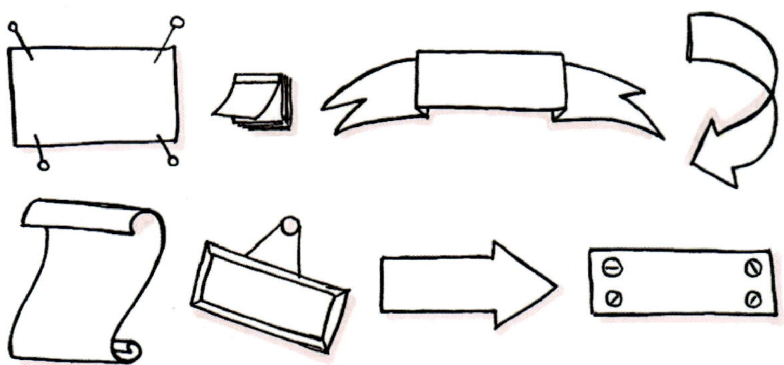

Bild 28: ***Die Form von Container und Boxen***

Diagramme

Mithilfe von Diagrammen lassen sich einfach und verständlich Zusammenhänge darstellen. Dabei kann man durch eine übersichtliche Illustration komplexe Sachverhalte so darstellen, dass sie schnell erfasst werden können.

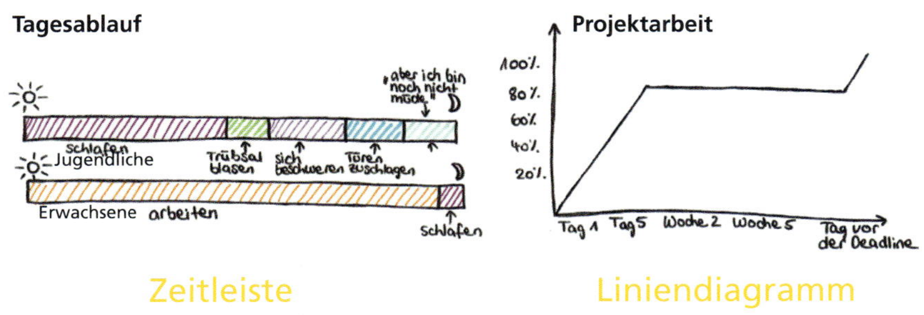

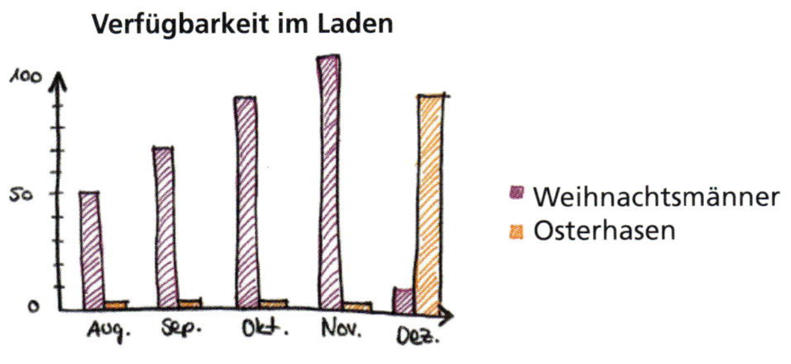

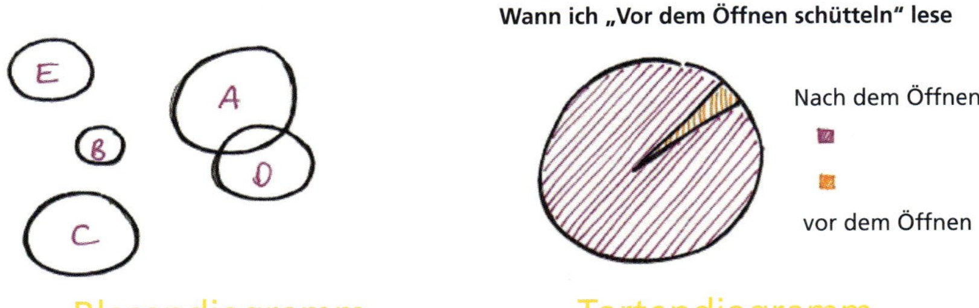

Bild 29: ***Diagramme in verschiedenen Varianten***

Pfeile

Um Beziehungen zwischen Objekten zu schaffen, die Aufmerksamkeit auf etwas Bestimmtes zu lenken, eine Richtung anzugeben oder Entwicklungen und Veränderungen zu visualisieren, benötigen wir Pfeile. Jede Pfeilart hat einen bestimmten Charakter bzw. assoziiert beim Betrachter bestimmte Botschaften.

Lange und kurze Pfeile weißen auf unterschiedliche Entfernungen oder Zeitdauern hin. Breite Pfeile signalisieren eher Mengenflüsse und Wichtigkeit. Pfeile können aber auch Textinhalte transportieren oder einen Prozess darstellen. Der Schwung eines Pfeiles lässt auf eine bestimmte Veränderung schließen.

4.3.6 Effekte

Effekte bringen Leben, Energie und Dynamik in ihre Visualisierungen. Effektlinien sind also das Hilfsmittel der Wahl, um das Unsichtbare sichtbar zu machen und wichtige Aspekte nochmals zu betonen. Effektlinien machen Visualisierungen schnell, langsam, heiß, laut oder leise. Sie helfen Figuren dabei, ihre Gefühle auszudrücken und in Aktion zu treten. Mit ihrer Hilfe kannst Du Bewegung in Deine Visualisierung bringen.

Mit Effektlinien unterstützt Du Handlungen in Bezug auf ihre Dynamik also in puncto Geschwindigkeit und Richtung. Personen werden Leben und Emotionen eingehaucht, ein Nicken oder Kopfschütteln, Frieren, Erschaudern, Zittern, Freude oder Ärger. Teetassen werden zum Dampfen gebracht, Gegenstände bekommen Gerüche, Aktionen werden mit Tönen untermalt und mit Strahlen wird Wichtigkeit und Glanz ausgedrückt.

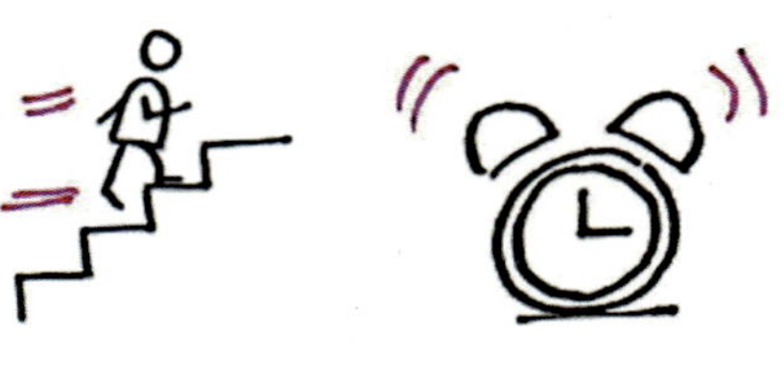

Bild 30: ***Durch Effektlinien kann Bewegung erzeugt werden***

Bild 31: ***Mit Strahlen die Wichtigkeit ausdrücken***

Bild 32: ***Hervorheben mithilfe von Schattierung***

4.3.7 Farbe

Farben spielen bei visuellen Notizen eine große Rolle, um auf Dinge aufmerksam zu machen, Bedeutendes hervorzuheben, Beziehungen aufzuzeigen oder eine Visualisierung dynamisch zu gestalten, sie sind also ein sehr wirkungsvolles und fundamentales Mittel.

Halte daher beim Visualisieren am besten immer mehrere, unterschiedliche Farben bereit, denn die machen nicht nur Spaß, sondern lassen Deine Visualisierung auch interessanter werden. Du kannst mit Farben markieren, kolorieren oder sogar zeichnen. Wichtig ist dabei allerdings, dass Deine Bilder nicht »zu bunt« werden, denn das wirkt dann sehr schnell zu verspielt und »erschlägt« den Beobachter.

Deshalb hier ein paar Tipps/Empfehlungen:

- **Schwarz:** Beginne bei einer visuellen Notiz mit Schwarz, sowohl als Grundfarbe für die Schrift wie auch für die Konturlinien der Bilder. Durch Grautöne lassen sich Objekte schattieren und damit Tiefeneffekte erzeugen, aber achte dann darauf, wo der Schatten sitzt.
- **Grün, blau, gelb:** Dann kommen maximal die drei Farben blau, grün und gelb ins Spiel. Sei es, um die Aussagen der Inhalte zu unterstützen, oder um Dinge hervorzuheben, zu markieren bzw. zu gruppieren.
- **Rot als Sonderfarbe:** Ist für uns Menschen verknüpft mit den Attributen »Achtung«, »Wichtig«, »Gefahr« und sollte deshalb nur sehr selektiv in eben diesen Kontexten genutzt werden. Bitte niemals Rot als Grundfarbe Deiner Visualisierung einsetzen.

Bei der Farbauswahl an sich steht es Dir völlig frei, nach welchen Kriterien Du diese einsetzt. Hast Du eine Farbe in einem bestimmten Kontext eingesetzt, dann behalte diese Zuordnung und Farbcodierung innerhalb Deiner Visualisierung bei. So kann der Betrachter Deinen Ausführungen besser folgen und die Aussagen und Inhalte schneller erfassen.

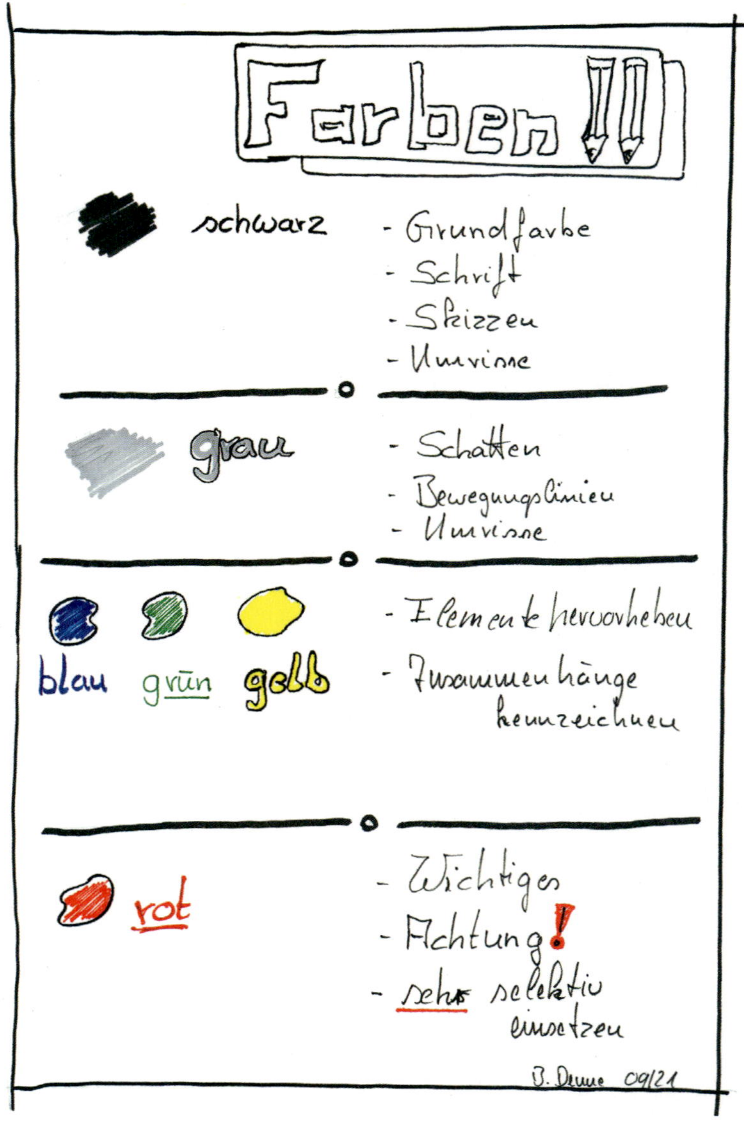

Bild 33: ***Farben müssen gezielt eingesetzt werden***

Bild 34: ***Treib es nicht zu bunt!***

Bild 35: ***Zusammenfassung***

① ***Einfach und unkompliziert***
② ***Symbole und Piktogramme***
③ ***Figuren***
④ ***Schrift***
⑤ ***Grafiken***
⑥ ***Effekte***
⑦ ***Farbe***

5 Die Anwendungsfelder

Nachdem wir Dir nun erklärt haben, was eine Visualisierung ist, wie sie aufgebaut ist und warum es auch Sinn macht, sie anzuwenden, möchten wir jetzt typische Anwendungsfelder zeigen, bei denen insbesondere im Feuerwehralltag auf Visualisierung zurückgegriffen werden kann.

Die Visualisierung von Sachverhalten ist den Feuerwehren ein bereits bekanntes Instrument, um Informationen zu transportieren und Sachverhalte darzustellen. Lagekarten bei Einsätzen, Feuerwehrpläne oder Flucht- und Rettungswegpläne spiegeln diesen Tatbestand wider. In dieser Technik verbirgt sich ein erhebliches Potenzial. Insbesondere bei einem der zentralen Themen einer Feuerwehr kann die Visualisierung von großer Hilfe und Vorteil sein: der Ausbildung!

Zu Beginn jeder Vorbereitung einer Ausbildungseinheit, egal ob im Haupt- oder Ehrenamt, steht die Überlegung an, welche Inhalte bearbeitet werden sollen, welche Materialien verwendet werden müssen und welche Schulungszeit in Anspruch genommen werden kann. Es müssen hierfür keine ausführlichen, umfangreich formulierten Storyboards, welche einen erheblichen Zeitaufwand mit sich bringen, erstellt werden. Die gleichen Ziele und Ergebnisse werden mit einer schlichten Zeichnung abgebildet und stellen die Inhalte eines Lernzielkatalogs dar.

Dieses Instrument kann somit auch für die Vorbereitungen von Fachvorträgen sowie ebenfalls im Einsatz- und Übungsdienst Anwendung finden. Nur lückenhaft verstandene Aufträge eines Einheitsführers bzw. Ausbilders, beispielsweise bei der genauen Aufstellung des Fahrzeuges oder die Nutzung der richtigen Zugangsmöglichkeit zum Einsatzobjekt, können durch Visualisierungen verdeutlicht werden. Erhält man hier den Auftrag unterstützt mit einer einfachen visualisierten Darstellung, können potenzielle Fehlerquellen bei der Umsetzung verringert werden. Die Lagedarstellung, verbunden mit der Verwendung von taktischen Zeichen, ist für Hilfsorganisationen bei größeren Schadenlagen ein probates Mittel und findet gekonnt ihre Anwendung in der Praxis. Dies verdeutlicht, welches Potenzial visuelle Darstellungen und Notizen für Haupt- und Ehrenamtliche Kräfte im Einsatz- und Übungsdienst hat.

Bei der Kommunikation kann die Visualisierung dabei unterstützen, Sachverhalte verständlicher und eindrücklicher rüberzubringen. Eine visuelle Dokumentation ist von Vorteil, wenn man die wichtigsten Punkte hervorheben und sich einen schnellen Überblick verschaffen möchte.

5.1 Kommunikation

Als Schüler machten wir die Erfahrung, dass eine 20-seitige Arbeit wahrscheinlich eine bessere Note ergab als eine 10-seitige und dass eine eher lange Präsentation mit vielen Präsentationsfolien voller 12-Punkt-Text härtere und mehr Arbeit zeigen würde als eine 30-minütige Präsentation mit 50 sehr visuellen Folien. Diese traditionelle Denkweise lässt die Kreativität, den Intellekt, das strategische Denken und vor allem das, worum es wirklich geht, außen vor. Diese Qualitäten sind aber erforderlich, um unsere Gedanken klar darlegen zu können. Und das schlimmste ... Wir nahmen diesen »Mehr ist besser«-Gedanken mit in unser Berufsleben ... und keiner hört uns mehr zu!

Bild 36: ***Kommunikation stärken mit Visualisierung***

Bei guten Präsentationen geht es um eine ehrliche und aufrichtige Verbindung mit dem Publikum und einen Informationsaustausch auf intellektueller und der nie zu unterschätzenden emotionalen Ebene, es geht um die Fähigkeit des Vortragenden, die Botschaft zu vermitteln und sich mit dem Publikum zu verbinden – das ist die Kunst!

Bei der visuellen Kommunikation wird das Wissen primär über das Sehen vermittelt. Im Gegensatz zur reinen verbalen oder körperlichen Kommunikation, kann neues Wissen so besser aufgenommen werden. Bilder und Symbole spielen dabei eine zentrale Rolle. Sie sollen helfen, inhaltliche Botschaften zu unterstützen und sie somit besser zu vermitteln. Häufigster Anwendungsfall für die visuelle Kommunikation sind Präsentationen.

Wie funktioniert nun die visuelle Kommunikation? Durch das zusätzliche Sehen der Informationen, wird bei den Zuhörern nicht nur der verbale Gehirnkanal, sondern gleichzeitig auch der visuelle Kanal angesprochen. Somit können Eindrücke aufgenommen werden. Zusätzlich werden die Informationen besser abgespeichert und können durch automatische Assoziationen leichter wieder abgerufen werden. Das bedeutet: Eselsbrücken sind hier schon inbegriffen. Wir müssen uns nur trauen und die Kunst der Visualisierung anwenden.

Bild 37: ***Kommunikation durch Visualisierung***

5.2 Dokumentation

Ein weiteres Anwendungsfeld der Visualisierung ist die Dokumentation. Nachfolgend werden anhand von fünf Hilfestellungen ein erster Einstieg ermöglicht.

Tipp 1: Vorbereitung ist das A und O

Willst Du die Visualisierung für eine Mitschrift während einer Präsentation nutzen, ist es wichtig, pünktlich zu sein, um rechtzeitig alle benötigten Werkzeuge (Papier und Stifte) zur Hand zu haben. Zudem sollte ein guter Platz gewählt werden, der eine gute Sicht und Akustik ermöglicht.

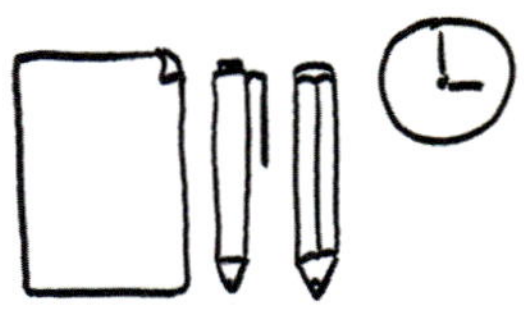

Bild 38: ***Vorbereitung ist das A und O – eigene Darstellung***

Tipp 2: Lese den Text mehrmals durch

Wenn Du Dir einen Sachverhalt aus einem Text visuell darstellen willst, um z. B. besser lernen zu können, solltest Du den Text erst mal mindestens einmal komplett durchlesen, bevor Du ihn Dir Stück für Stück umstrukturierst. Dadurch erkennt man den Zusammenhang und kann dann die wichtigsten Punkte herausfiltern.

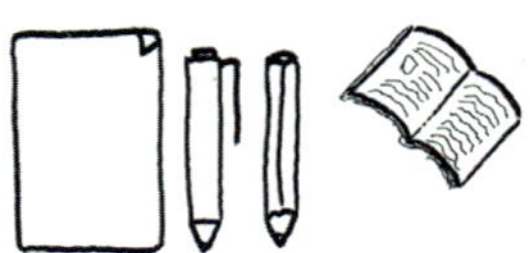

Bild 39: *Texte mehrmals lesen, bevor Du startest*

Tipp 3: Dokumentiere Rahmendaten vorab

Daten, wie z. B. Überschrift, Datum, Ort oder Name des Redners, die dir vorab schon bekannt sind, sollten als allererstes festgehalten werden, um der visuellen Dokumentation einen Rahmen zu geben.

Bild 40: *Vorab die Rahmendaten dokumentieren*

Tipp 4: Teile das Papier ein

Nachdem der Rahmen steht, ist es sinnvoll, den vorhandenen Platz vorab einzuteilen. Das gibt Sicherheit und Struktur. Sowohl Lehrtexte als auch Präsentationen lassen sich leicht in Kategorien unterteilen, wie z. B. Einleitung, Hauptteil, Schluss. Bei einer Präsentation eignet sich dafür gut die Gliederung, die der Redner am Anfang vorstellt.

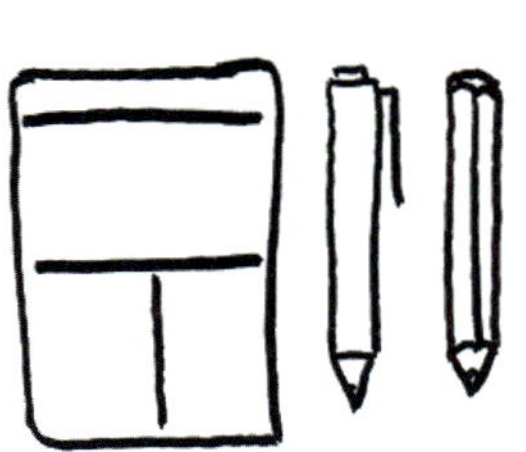

Bild 41: *Papiereinteilung*

Tipp 5: Mach dir zuerst grobe Skizzen

Sowohl während einer Präsentation als auch zum Lernen ist es manchmal besser, wenn man damit beginnt, sich mit einem Bleistift grobe Skizzen anzufertigen. Die lassen sich einfacher verbessern oder wieder entfernen. Nachträglich kannst Du sie dann mit einem Filzstift nachzeichnen, verfeinern oder erweitern und mit Farben Akzente hervorheben.

Bild 42: ***Mit groben Skizzen starten***

Mithilfe von Visualisierungen lassen sich natürlich nicht nur Vorträge dokumentieren. Sehr hilfreich können auch Lageskizzen sein, die während des Einsatzes zur Orientierung und nach dem Einsatz zur Dokumentation genutzt werden können.

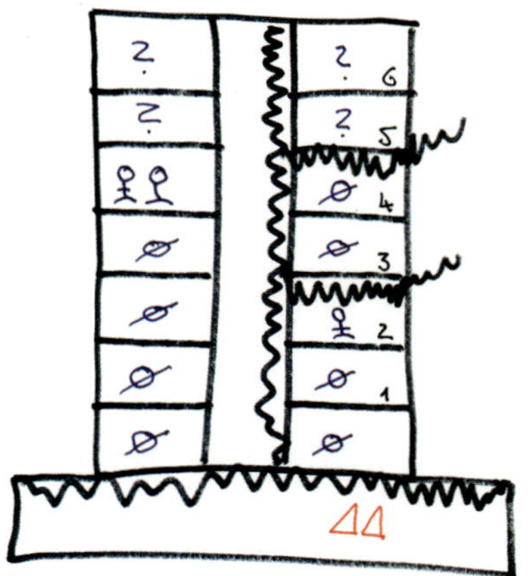

Bild 43: ***Dokumentation im Einsatzdienst***

5.3 Probleme und zwischenmenschliche Konflikte lösen

Die Bewältigung von Problemen erfordert ein tiefes Verständnis für dieselben!

»Das Problem zu erkennen ist wichtiger als die Lösung zu finden. Denn die genaue Darstellung führt fast automatisch zur richtigen Lösung!« So oder ähnlich äußerte sich der große Albert Einstein zu dem Thema Probleme lösen. Das führt uns wieder unweigerlich zu dem Ansatz, das zu erfassende Problem zu visualisieren, um sicher zu gehen, es wirklich verstanden zu haben! Wir erlauben uns hier den Vergleich zu den »4 Phasen der Erkundung«. Keine Führungskraft der Feuerwehr würde ohne eine wertige Lageerkundung einen Einsatzbefehl geben. Dasselbe gilt nun auch bei der Lösung von zwischenmenschlichen Konflikten oder Problemen. Bevor ich mich an die Lösung eines Problems mache, sollte ich das Problem richtig und umfänglich verstanden haben … und dabei hilft uns wieder die Visualisierung!

Wir gehen hier nur auf den Teil der visualisierten Problemerfassung ein und der sich daraus potenziell abzuleitenden Lösung. Wir diskutieren nicht die inhaltliche Dimension von zwischenmenschlichen Konflikten im Alltag einer Feuerwehr. Das wird umfänglich und von Expertinnen in dem Buch »Kals/Thiel/Freund, Handbuch zur Konfliktlösung im Ehrenamt, Kohlhammer Verlag, 2019« inklusive den möglichen Lösungsansätzen behandelt!

Du kannst mit der Visualisierung jede Art von Problem darstellen und versuchen, zu lösen. Der Grund dafür liegt darin, dass Bilder wie schon in den vorangegangenen Kapiteln des Buches erklärt, komplexe Begebenheiten visuell darstellen und große Informationsmengen kompakt und für jeden verständlich darstellen können. Somit können die unterschiedlichsten Probleme sowohl im beruflichen als auch im privaten Umfeld angegangen werden.

Wir verwenden auch hier nur die Visualisierungselemente, die Du schon kennengelernt hast. Diese setzen wir zu Bildern zusammen, die Fragen stellen, Diskussionen fördern und Perspektiven vermitteln. Es sind also durchaus, je nach Dimension des Problems, komplexe Bilder, die sich vielleicht nicht immer auf den ersten Blick erschließen lassen, aber dann doch bei genauerem Hinsehen schrittweise erfassbar sind.

Wie geht man nun vor?

Der von uns empfohlene Ablauf wäre:

- Wahrnehmen,
- Skizzieren,
- Betrachten und Inspiration,
- Iteration/Wiederholung,
- Präsentieren und Diskutieren.

Wahrnehmen

Was höre, sehe, denke und fühle ich bzgl. des mir vorliegenden und betrachteten Problems. In diesem ersten sehr wichtigen Schritt versucht man durch »visuelles Denken« das Problem auf allen Ebenen zu erfassen und dabei in kleine Puzzlestücke zu zerlegen, um diese besser verstehen und selektiv bearbeiten zu können. Auch die sogenannte Metaebene sollte hier mit berücksichtigt werden.

Skizzieren

Diese Wahrnehmungen bringen wir in seinem gesamten Kontext in Form von Bildern zu Papier. Direkt im nächsten Schritt verknüpft man die Einzelereignisse wieder durch Verbindungslinien (ggf. unterschiedlicher Stärke und Struktur), um die Abhängigkeiten und die Dimension der Komplexität besser erkennen zu können.

Betrachten und inspirieren lassen

Dann empfiehlt es sich einen Schritt zurückzutreten und sich das Gesamtbild mit ein wenig Abstand zu betrachten. Das führt meist schon dazu, dass sich der Kern des Konfliktes und damit ein potenzieller Lösungsansatz offenbart!

Iteration

Hinweis: Du musst davon ausgehen, dass Du diesen Ablauf evtl. mehrfach durchlaufen musst, also das ganze, bis alle Aspekte erfasst und richtig verknüpft sind, iterativ abläuft, bis dann letztendlich das richtige Bild vor einem liegt!

Präsentieren und Diskutieren

Im letzten Schritt des visuellen Lösens kann das Bild/die Skizze dazu genutzt werden, die Situation sowie die daraus abgeleiteten Erkenntnisse anderen verständlich zu vermitteln, um damit ein gemeinsames Bewusstsein für die Situation zu schaffen. Oftmals generiert sich schon daraus ein möglicher Lösungsansatz. Hinweis: Da Probleme und insbesondere zwischenmenschliche Konflikte nahezu immer eine mehr oder weniger lange Geschichte haben, empfiehlt sich die Nutzung eines Zeitstrahles, wie auch an dem folgenden Beispiel umgesetzt!

Hier ein fiktives Fallbeispiel angelehnt an einen Fall aus unserer langjährigen Feuerwehrtätigkeit, der nun schon einige Jahre zurückliegt und, natürlich anonymisiert, kurz diskutiert werden soll: Durch die Erstellung eines Zeitstrahles konnten die über die Jahre hinweg stattgefundenen wichtigsten Ereignisse chronologisch sortiert und in Kontext gebracht werden! Allein aus dieser Darstellung heraus wurde die Dimension und Komplexität des Konfliktes klar. Damit war auch klar, dass die Lösungsfindung alle vor sehr ambitionierte Herausforderungen stellt, die dann auch trotz vieler Versuche leider nicht zu der gewünschten Lösung führten.

Ishikawa-Diagramm:

Bei dem Ishikawa-Diagramm (siehe Bild 45 und 46) handelt es sich um ein Ursache-Wirkungs-Diagramm. Beim Erstellen geht man wie folgt vor:

- **Horizontaler Pfeil mit Ziel/Problem an der Spitze zeichnen.**
- **Haupt- und Nebenursachen benennen und einzeichnen.**
- **Auf Vollständigkeit überprüfen.**
- **Gewichtung der Ursachen vornehmen.**
- **Überprüfung der Ursachen.**

5

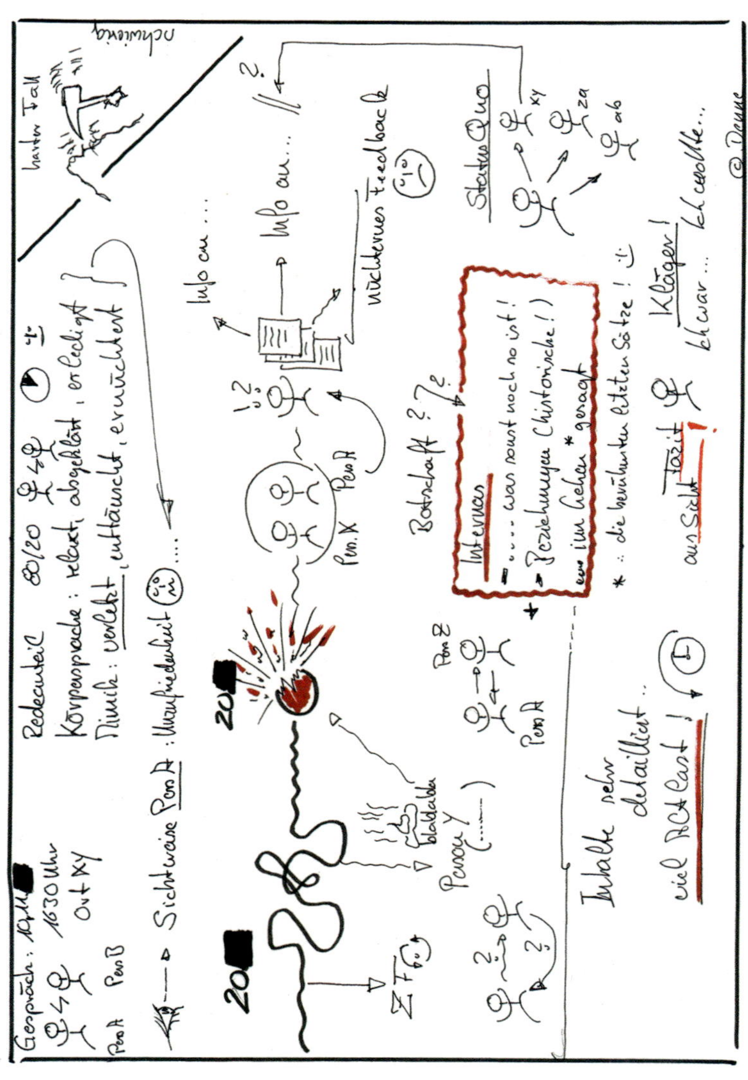

Bild 44: ***Fallbeispiel Probleme lösen***

Bild 45: ***Probleme lösen***

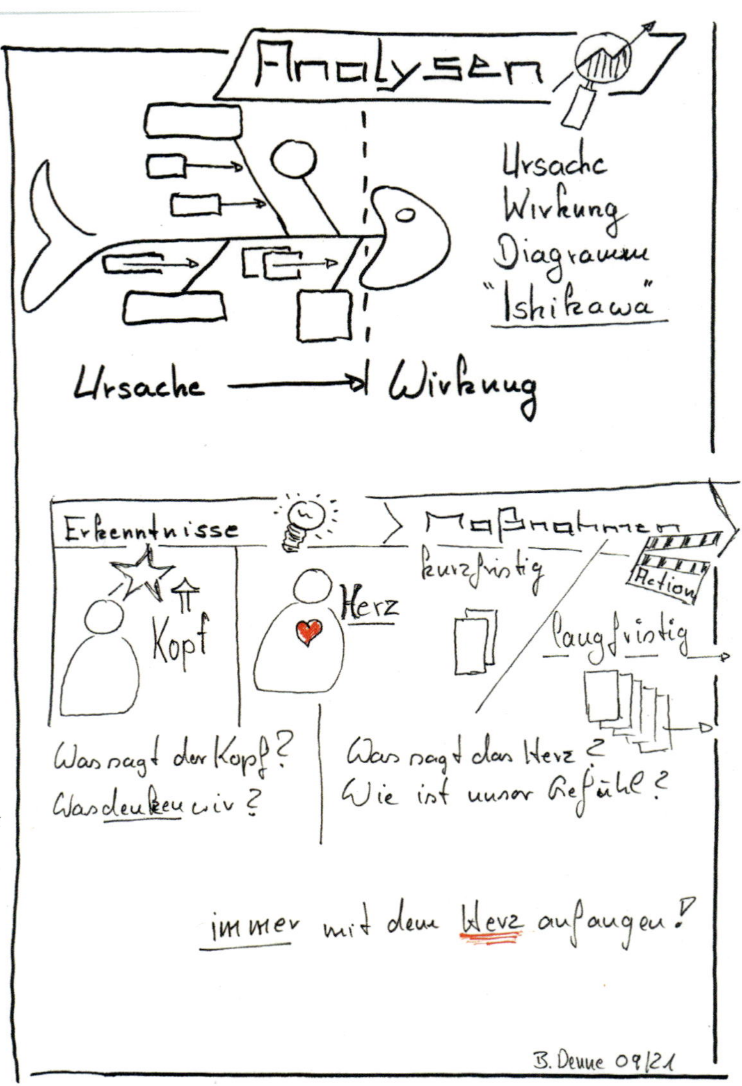

Bild 46: ***Analysen***

6 Beispiele

6.1 Visualisierung in Übungen

Beispiel 1: Übersicht Feuerwehrübung (März 2017, Offenburg)
Bild 47 wurde benutzt, um schnell und effektiv die Inhalte und den Ablauf einer Feuerwehrübung zu verdeutlichen und zu kommunizieren. Schauen wir uns das Bild genauer an. Inhalt an dem Abend war es, die Lageerkundung zu trainieren. Alles begann mit einer vorgegebenen fiktiven Einsatzmeldung, die gemäß den 4-Phasen der Erkundung abgearbeitet werden sollte. Die vier Phasen wurden mit verschiedenen einfachen Ikons (in Grün dargestellt) noch mal in Erinnerung gerufen. Anschließend galt es, die darauf basierende und erforderliche Einsatztaktik abzuleiten und auszuführen. Nach Abschluss jeden Durchganges wurde im Kollektiv das Vorgehen diskutiert und ggf. verbessert. Danach folgte der zweite Durchgang usw. Am rechten Bildrand sind die beteiligten Fahrzeuge dargestellt. Im unteren Bereich des Bildes nach dem dicken Trennstrich sind die gewünschten Ausbildungsziele dieses Übungsabends verdeutlicht. Primär ging es um eine qualitativ hochwertige und korrekte Lageerkundung, danach um die daraus abzuleitende Taktik und nur untergeordnet ging es an diesem Abend um den Faktor Zeit. Farben sind bewusst nur sehr zurückhaltend eingesetzt und unterstützen trotzdem die Botschaften, vor allem indem sie die wichtigen Übungsinhalte noch mal hervorheben. Ein Rahmen wie bereits in den Grundlagen erwähnt, gibt dem ganzen mehr Struktur und Wertigkeit und hindert uns daran aus dem Bild herauszuschreiben.

Parlament:

Unter dem Begriff (links, mittig in Bild 47) verstehen wir die Möglichkeit, frei und konstruktiv – unabhängig von Dienstgrad oder Erfahrung – die eigene Sichtweise auf das Geschehen sowie eigene Vorschläge im Kollektiv einbringen zu dürfen.

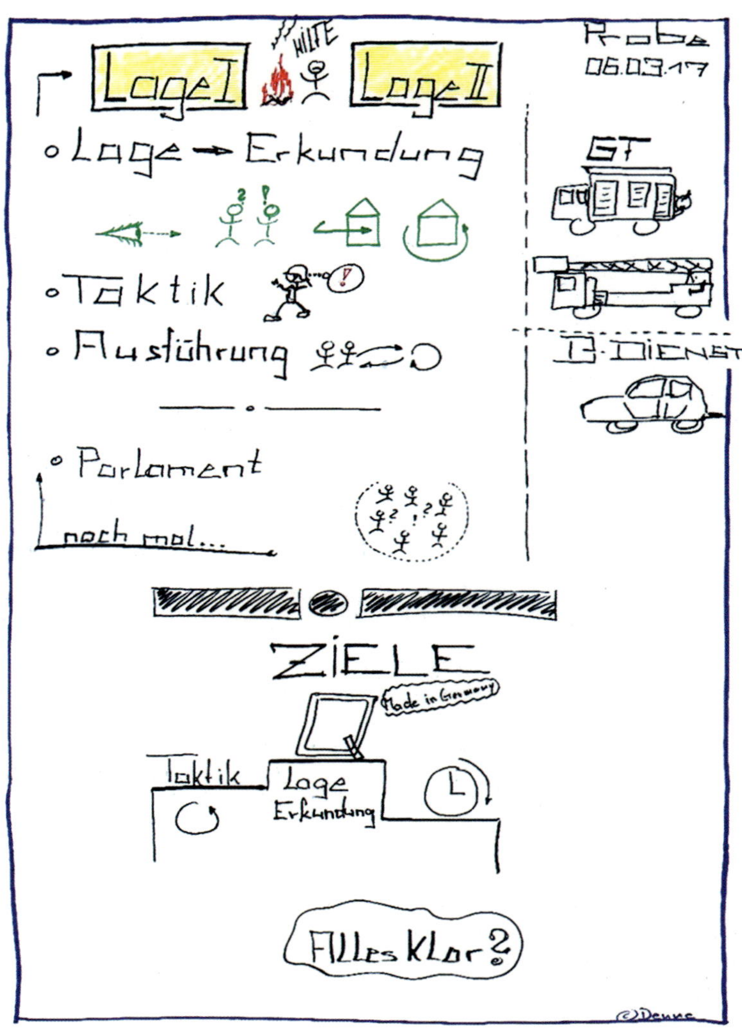

Bild 47: ***Ausbildungsdienst geplant***

Beispiel 2: Übersicht Übungseinheit inklusive 6-W-Ansatz (Februar 2017, Zell a. H.)

Bild 48 zeigt ebenfalls eine Visualisierung einer Übungseinheit kombiniert mit dem 6-W-Ansatz von Dan Roam. Dieser Ansatz beinhaltet die sechs wichtigsten W–Fragen, mit deren Beantwortung davon ausgegangen werden kann, dass die meisten Fragen des Gegenübers beantwortet sind! Schauen wir uns die Darstellung an:

Jede der W-Fragen wurde mit Blau hinterlegt, um die Struktur zu unterstreichen, die durch die kastenförmige Aufteilung vorgegeben wird und sich daraus weiter erschließt. Ganz oben steht das WAS also »Um was geht es überhaupt?« In besagtem Fall ging es darum, die Grundlagen der Einsatztaktik auf allen Hierarchien zu schulen. In der nächsten Ebene werden das WIEVIEL, das WO und das WANN dargestellt. Alle Infos, die sich um diese Fragen drehen, werden dem entsprechenden Feld zugeteilt. In diesem Fall wurden mehrere Beispiele in mehreren Durchgängen bearbeitet (WIEVIEL). Die ganze Übungseinheit fand im Lehrsaal, also nur theoretisch, statt (WO) und es waren zweimal 45 min Arbeitszeit eingeplant mit einer kurzen Pause und abschließend einer Feedback-Runde (WANN)! Das WIE zeigt, wie es gemacht wird. Also jedes Team bekommt eine Aufgabe hat ca. 5 min Zeit zur Bearbeitung und muss die ihrer Meinung nach richtige Lösung visualisiert präsentieren! Danach kommt wieder das schon bekannte »Parlament« zum Einsatz, das eine rang- und erfahrungsunabhängige Diskussion ermöglicht. Das WARUM erklärt in dem Fall, warum wir das in genau dieser Form gemacht haben, hier also um das Verständnis für bestimmte Einsatzlagen zu schärfen, die Merkfähigkeit durch die visualisierte Lösung zu fördern und letztendlich die Übung in einem entspannten Rahmen umzusetzen, denn bekanntermaßen gilt »Brain runs on fun« oder »Das Gehirn läuft wenn es Spaß hat!« Auch die Farben wurden wieder sehr reduziert, aber gezielt genutzt. Denke daran Rot nur selektiv für wenige wichtige Dinge einzusetzen.

Die Kombination einer solchen Visualisierung mit diesem 6-W-Ansatz hat sich in vielen Fällen sehr bewährt und der Einsatz dieser beiden kombinierten Methoden ist immer eine Überlegung wert!

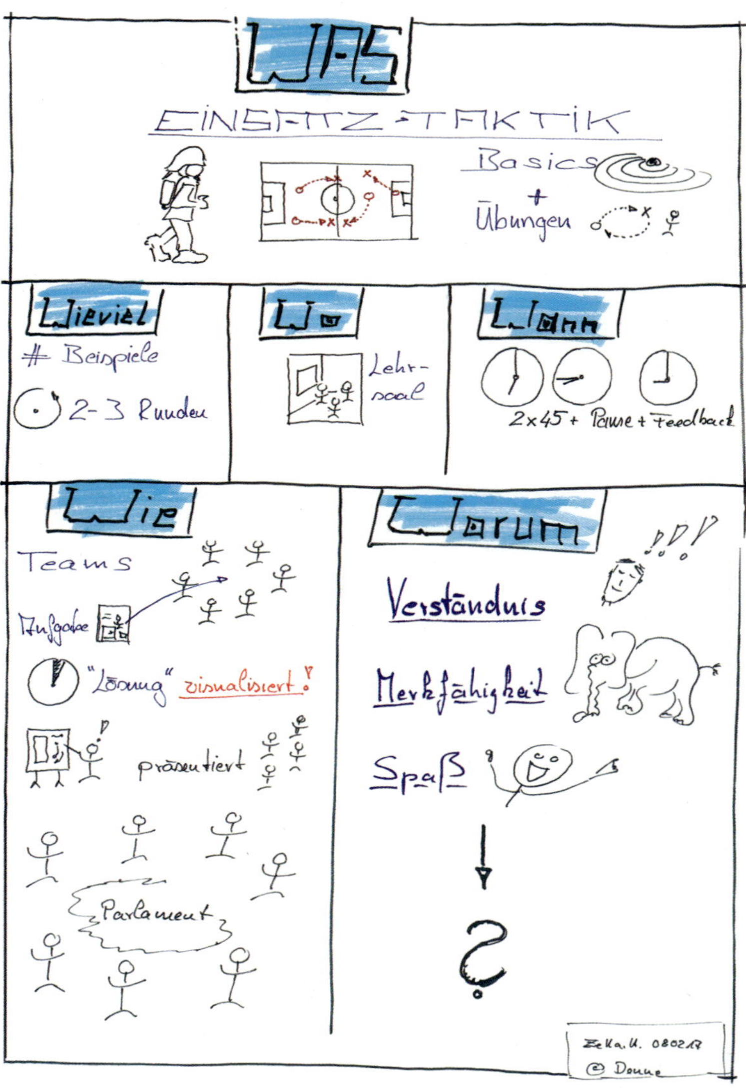

Bild 48: ***Die 6-W-Fragen***

6.2 Visualisierung im Einsatz

Beispiel 3: Kellerbrand in einem mehrgeschossigen Wohnhaus (Mai 2015, Offenburg)

Gegen 03:00 Uhr wurde ein Kellerbrand in einem mehrgeschossigen Wohnhaus gemeldet. Nach der Lageerkundung war klar, dass hier ein größeres Aufgebot an Feuerwehr und anderen Rettungskräften nötig war und koordiniert werden musste. Der Brand im Keller hatte dafür gesorgt, dass bereits der gesamte Treppenraumbereich und damit der erste Rettungsweg komplett verraucht war. Zudem fanden sich bei Eintreffen der Feuerwehr schon einige hilfesuchende Personen an den Fenstern. N. übernahm die Einsatzleitung und etablierte seine Führungsunterstützung auf der Vorderseite des Gebäudekomplexes. Als Fahrzeugführer auf dem HLF des zweiten anrückenden Löschzuges wurde B. auf die Gebäuderückseite, hier befanden sich die Balkone, geordert. Der Auftrag lautete: Rettung von Personen aus dem Gefahrenbereich. Die Drehleiter war zügig in Stellung gebracht und das Team begann unverzüglich mit dem Rettungsauftrag. Es war auch klar, dass es nicht leicht aber auch von entscheidender Bedeutung sein würde, den Überblick über die geretteten und bereits abgearbeiteten Wohneinheiten zu behalten. Eine Kommunikation auf Sicht mit der Einsatzleitung war aufgrund der Gebäudestruktur nicht möglich und der Funkverkehr war auch bereits ausgelastet. Unabhängig voneinander begannen wir (N. und B.) die Situation und das Geschehen zu visualisieren. Bild 49 zeigt die Originalskizze (nachkoloriert) jener Nacht von B., der auf der Gebäuderückseite damit den Überblick über die Rettungsaktion behielt.

Schauen wir uns die Skizze (Bild 49) genauer an – gefertigt auf einem Schlauchtragekorb sitzend bei Taschenlampenbeleuchtung auf der Rückseite eines Atemschutzvordruckes! Grob und schnell wurden das Gebäude mit den wichtigsten baulichen Merkmalen skizziert (siehe: mittig Treppenraum, Geschossnummerierung, Bodenniveau und Brandherd). Ein schwarzer Teppich, der zum Trocknen über dem Balkongeländer hing, wurde ebenfalls vermerkt und diente als weiterer Anhaltspunkt. Mit Fertigstellung der grundlegenden Skizze wurde auch schon die erste gerettete Person gemeldet, gekennzeichnet mit der 1 im Kreis, das war »eine Person männlich mit Hund vom 3. OG«. Direkt im Anschluss wurden zwei Personen (männlich und weiblich) von dem darunterliegenden Balkon gerettet. Danach konnte eine Person (weiblich) vom obersten Balkon, ebenfalls auf der rechten Gebäudeseite und zum Schluss ein Paar (männlich und weiblich) mit Hund vom obersten Balkon der linken Gebäudeseite gerettet werden. Zum Schluss wurde ein Paar (männlich und weiblich) mit Hund vom obersten Balkon der linken Gebäudeseite gerettet. Damit war der erste Einsatzauftrag erfolgreich abgeschlossen und wir wussten genau und nachvollziehbar, was wir wo gemacht hatten!

Der Zugführer, der für die Gebäuderückseite zuständig war, ging nun mit besagter Skizze zur Lagebesprechung und ohne weiteren kommunikativen und größeren Aufwand konnten die darauf enthaltenen Infos mit der Skizze der Einsatzleitung abgeglichen und zusammengeführt werden. Lediglich die Nummerierung der Geschosse wurde auf Anweisung angepasst, siehe hierzu die Geschossnummern in den Kasten – aus 1. OG wurde damit EG usw.

Der zweite Einsatzauftrag lautete: Über jeden Balkon versuchen ohne gewaltsames Öffnen der Balkontüren in die Wohneinheiten zu gelangen und die Türen zum Treppenraum (der mittlerweile rauchfrei war – dank einer konsequent eingesetzten Rettungsbelüftung!) zu öffnen. Jede diesbezüglich erfolgreiche Aktion der DL-Trupps wurde auf derselben Skizze vermerkt und mit dem Ikon »Keil im Kreis« wie unten in der Legende erklärt, versehen! Nicht zu öffnende Türen wurden mit »zu« im Kreis gekennzeichnet. Ein interessantes Detail sieht man noch in der Wohneinheit im 2. OG rechte Seite. Hier wurde in der betretenen Wohnung eine noch brennende Kerze auf dem Wohnzimmertisch gelöscht, um einen evtl. Folgebrand auszuschließen, vermerkt mit Nachlöscharbeiten.

Abschließend wurde von allen Beteiligten bestätigt, dass es mit Hilfe dieser einfachen Skizzen gelang, den Überblick über die Situation und Rettungsarbeiten zu behalten.

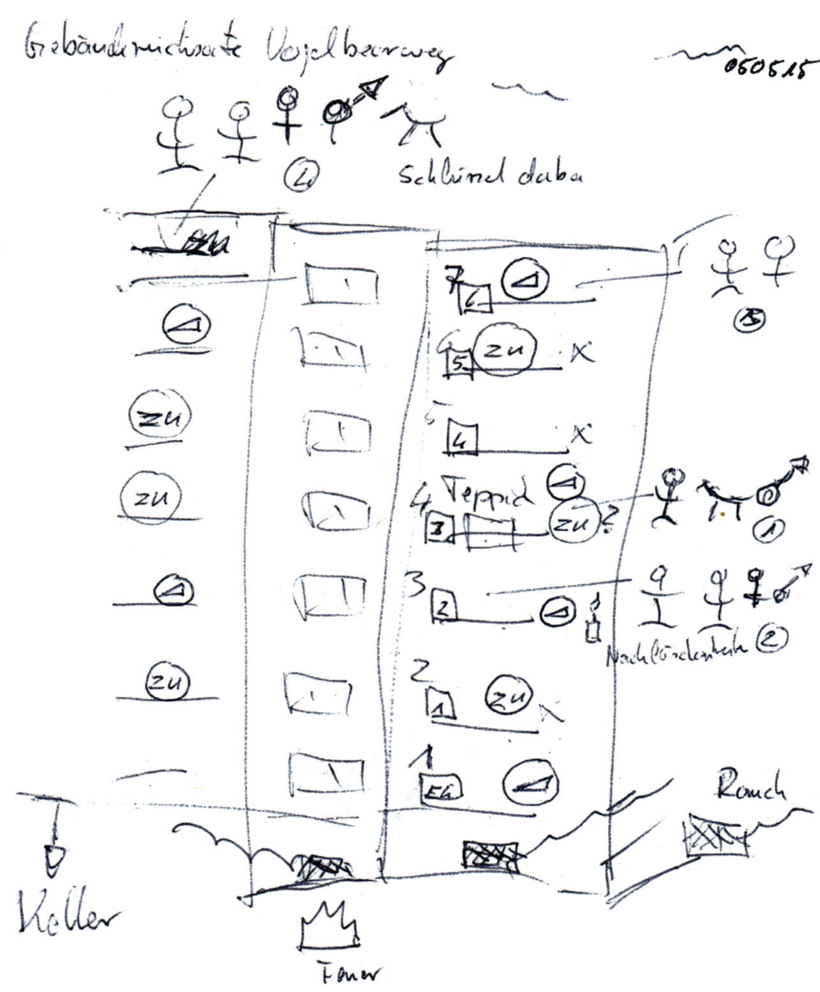

Bild 49: ***Erste Visualisierung der komplexen Einsatzlage***

Beispiel 4: Brand im Krankenhaus
Wie gewinnbringend eine gut visualisierte Lage im Einsatzfall ist, möchten wir euch auch anhand des nächsten Fallbeispiels nochmals erläutern. An einem Abend, werktags, kam es zu einem folgeschweren Zimmerbrand in einer vollstationären Krankenanstalt. Durch das Schadenfeuer waren auch mehrere Patienten auf der Station betroffen. Aufgrund der großen Ausdehnung des Klinikobjektes und den vielen Einsatzfaktoren wurde für den diensthabenden Einsatzleiter in der Erstphase eine Skizze der Lage vorbereitet. Anhand dieser konnte die zunächst völlig unübersichtliche Lage schnell und auf das Notwendigste zusammengefasst werden. Die nachrückenden Einsatzkräfte konnten hierdurch schnell und anschaulich in die Lage eingewiesen werden. Im Einsatzverlauf wurde die Darstellung mit den neuen Erkenntnissen fortgezeichnet.

So war es immer möglich mit einem Blick zu aktuelle Lage zu erfassen, Schwerpunkte zu erkennen und die noch notwendigen Maßnahmen ableiten zu können.

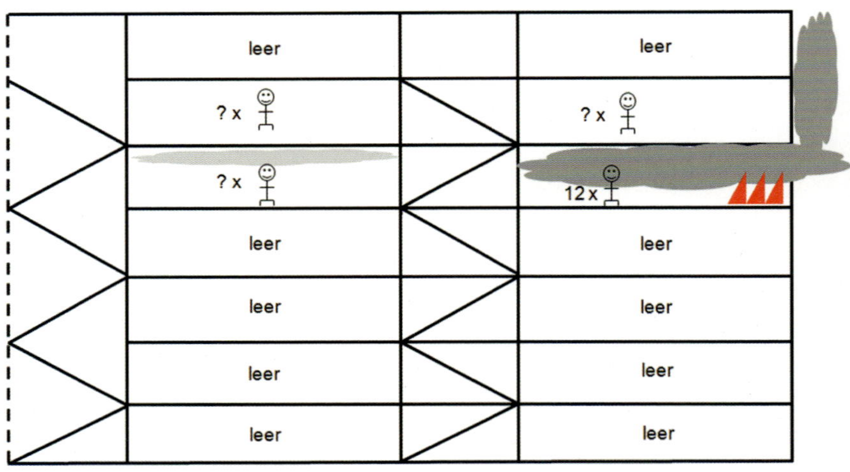

Bild 50: ***Lageskizze bei einem Brand in einer Klinikanstalt (Skizze nicht maßstabsgetreu)***

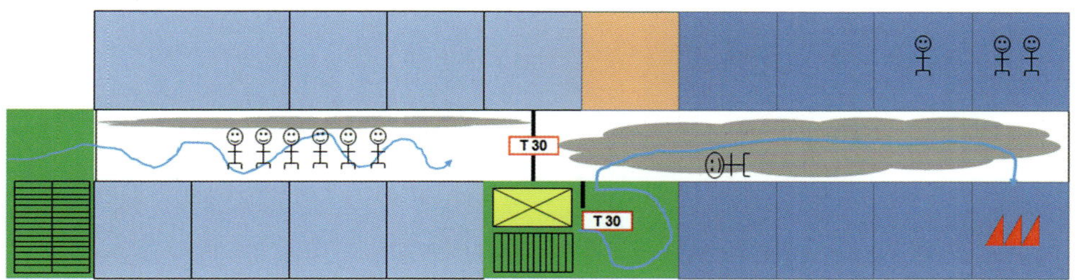

Bild 51: ***Die im Nachgang aufbereitete Lagedarstellung im Brandgeschoss (Skizze nicht maßstabsgetreu)***

An diesem Beispiel wird deutlich, dass man die Visualisierung nicht immer handschriftlich vornehmen muss. Beispielsweise können auch Zeichentools auf mobilen Endgeräten genutzt werden. Wichtig ist in diesem Fall jedoch, dass man sich vorab mit dem jeweiligen Tool vertraut gemacht hat und auch wirklich schnell damit Entwürfe anlegen kann.

6.3 Beispiele aus dem Alltag

Beispiel 5: Beschaffung eines Kleineinsatzfahrzeuges
Die Einsatzplanung gibt die notwendigen Aufgabenfelder vor und die Technik setzt diese bei der Fahrzeugkonfiguration in die Praxis um. Das Flip Chart stellt das Ergebnis eines Workshops dar, bei dem inhaltlich die zukünftigen Aufgaben des neuen Kleineinsatzfahrzeuges (bei manchen Feuerwehren auch als KLAF – Kleinalarmfahrzeug bekannt) abgestimmt wurden. Die Kernaussagen dazu konnten dank der Visualisierung auf ein Chartpapier fixiert und dargestellt werden. Neben dem Öffnen von Türen (1) wird das zukünftige Fahrzeug zu Wasserschäden (2), Sturmeinsätzen (3), Wasserrettungseinsätzen (4), zum Transport von Material und Gerätschäften kleineren Umfangs (5) und als First Responder (6) eingesetzt werden.

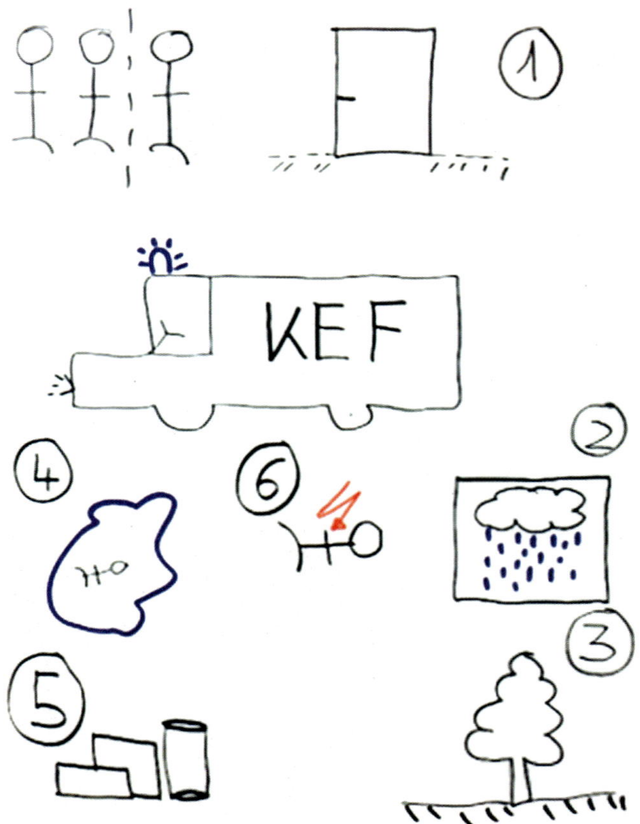

Bild 52: ***Fahrzeugbeschaffung***

7 Jetzt seid ihr an der Reihe – Vorlagen und Übungen

7.1 Die kleine Zeichenschule

Im Rahmen der kleinen Zeichenschule möchten wir Dich dazu animieren, selber loszulegen! Setze Dich mit dem Equipment Deiner Wahl hin und zeichne die Vorlagen einfach nach! Fühle Dich aber auch frei, diese in Deinem Sinne anzupassen, zu ergänzen und abzuändern. Finde Deinen Stil und erstelle Deine eigene Bilderbibliothek! Wenn Du Dir einmal die Mühe gemacht hast, diese für Dich und Deine Bedürfnisse und Dein Umfeld zur erstellen, kannst du sie bei Bedarf immer abrufen!

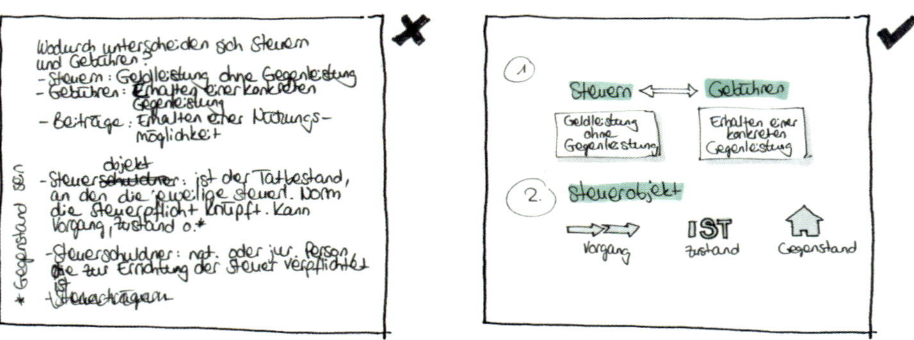

Bild 53: ***Reduktion der Information und sinnvolle Zusammenfassung***

7

Bild 54: ***Feuerwehrmänner und -frauen zeichnen***

Bild 55: *Einsatzfahrzeuge zeichnen*

Bild 56: ***Menschen zeichnen***

Bild 57: ***Charaktere und Emotionen zeichnen***

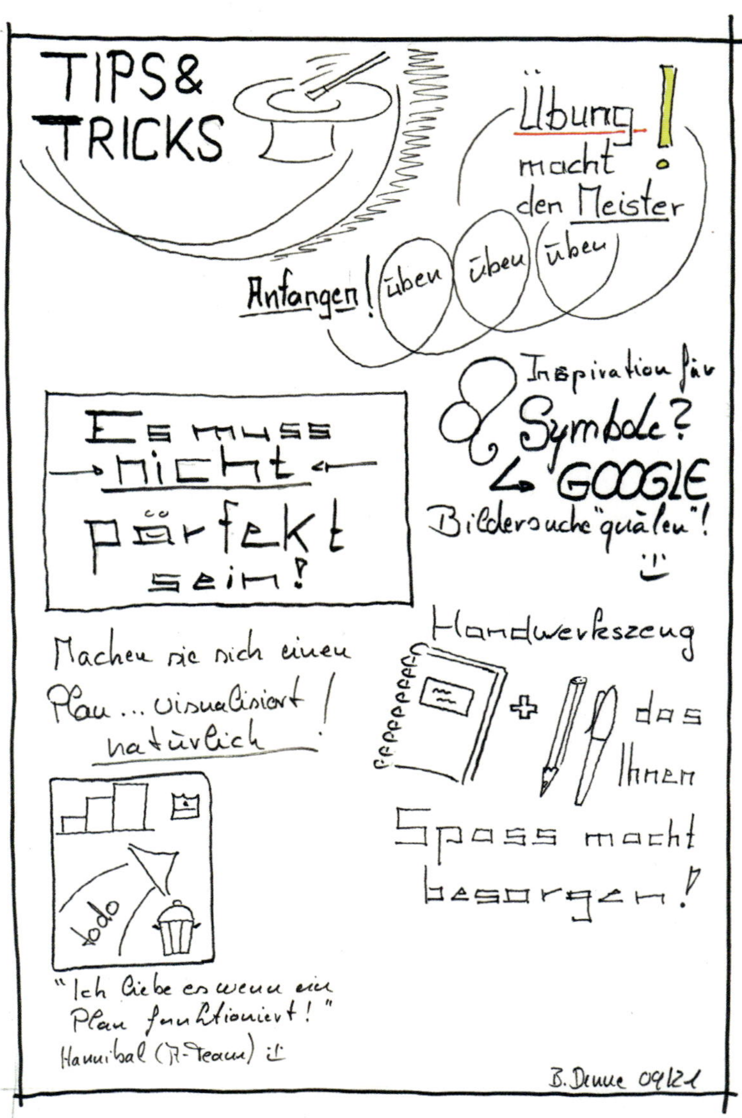

Bild 58: ***Tipps und Tricks***

Bild 59: ***Nützliches***

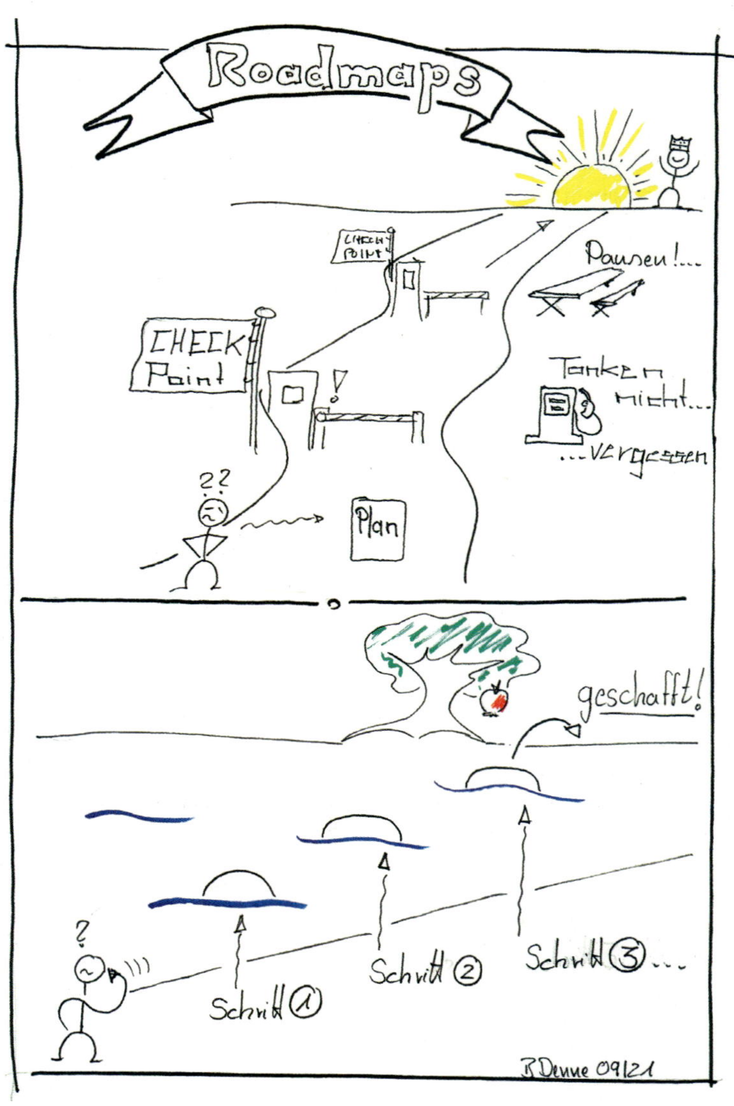

Bild 60: ***Roadmaps***

7.2 Übungen

Im Folgenden sind zwei kleine Übungen für Dich aufgeführt, in denen Du Deine neue erworbenen Fähigkeiten austesten kannst. Schaue Dir die Einsatzsituation in Ruhe an. Dies entspricht natürlich nicht der eigenständigen Erkundung im realen Einsatz, liefert Dir aber auch bereits einige Erkenntnisse, die sich visualisieren lassen. Nachdem Du die Lage skizziert hast, kannst Du im nächsten Schritt überlegen, wie Du in diesem Beispiel taktisch vorgehen würdest. Halte Deine gewählte Taktik ebenfalls grafisch fest.

Übung 1: Kellerbrand in einem Mehrfamilienhaus

Du wirst in den Abendstunden zu einer verdächtigen Rauchentwicklung in einem Mehrfamilienhaus alarmiert. Das Haus verfügt über ein Kellergeschoss sowie vier oberirdische Geschosse. In jedem oberirdischen Geschoss liegt eine Wohneinheit, die über einen innenliegenden Treppenraum mit Ausgang ins Freie angeschlossen sind.

Deine Erkundung ergibt folgendes Lagebild: Das Kellergeschoss sowie der Treppenraum sind verraucht. In den Wohneinheiten im Erd- und im 1. Obergeschoss sind keine Personen. Im 2. Obergeschoss sind vermutlich zwei Personen eingeschlossen. Eine weitere Person hat sich im 3.Obergeschoss auf den Balkon gerettet, da dessen Wohnung auch schon verraucht ist.

Übung 2: Verkehrsunfall mit Linienbus

In den frühen Morgenstunden ereignet sich ein folgenschwerer Verkehrsunfall zwischen einem Pkw und einem Linienbus des Öffentlichen Nahverkehrs im innerstädtischen Verkehrsnetz. Alle Erkundungsergebnisse geben folgendes Lagebild: Der Pkw ist frontal mit dem Linienbus kollidiert. Im Pkw ist der Fahrer eingeklemmt und wurde durch den Rettungsdienst »rot« gesichtet. Gleiches gilt für den Busfahrer. Der Linienbus war zum Zeitpunkt des Unfalles mit 14 Personen besetzt. Alle Personen sind nicht eingeklemmt und können über den hinteren Buszugang erreicht werden. Die Sichtung ergab hierbei, dass drei Fahrgäste »gelb« und elf »grün« gesichtet wurden. Beim Pkw laufen Betriebsstoffe aus.

Bild 61: ***Mögliche Lösung zu Übung 1: Lageskizze Beispiel Kellerbrand***

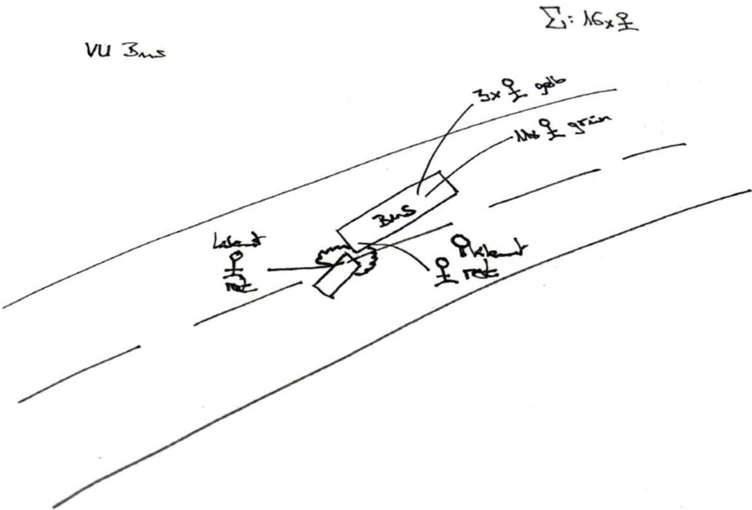

Bild 62: ***Mögliche Lösung zu Übung 2: Lageskizze Beispiel Verkehrsunfall Bus***

Fazit

Visualisierung ist keine Kunst und selbst die schlechteste Skizze, die aber mit Engagement erstellt, vorgetragen und erklärt wird, kann eine Idee gut vermitteln. Du weißt nun, was man unter Visualisierung versteht, wie man eine solche aufbaut, welche Funktionen und Vorteile sie hat, und so wird es endlich Zeit, dass Du Dein Wissen anwendest. Wichtig dabei ist, dass Du Deinen ganz eigenen Visualisierungsstil entwickelst, um Deinen Notizen eine persönliche Note zu geben. Es gibt so viele verschiedene Visualisierungsstile, lass dich inspirieren und entdecke Deinen eigenen. Der Kreativität sind hier keine Grenzen gesetzt. Generell gilt: Was funktioniert, ist gut und »The easy way is hard enough!«. Kombiniere die verschiedenen Werkzeuge, die Du in diesem Buch kennengelernt hast, nach Deinem Geschmack! Eine visuelle Notiz muss nicht jedem gefallen – sie ist persönlich. Übe, übe, übe! Sei mutig und teile Deine Visualisierungen mit anderen. Und vergiss nicht, Du hast die Freiheit, Dich auf die Informationen zu beschränken, die Du als wichtig erachtest. Fang einfach an und denke nicht zu viel nach. Und das Wichtigste: Habe Spaß dabei.

Hier noch mal die wichtigsten Gründe, die dafür sprechen, eine gute Visualisierung zu erstellen:

- Du musst die Informationen verstanden haben, um sie festzuhalten und vermitteln zu können.
- Du kannst Deine Ideen schnell dokumentieren, ohne Dich im Detail zu verlieren.
- Visuelle Dokumentationen helfen Dir im privaten und beruflichen Leben beim Dokumentieren und Protokollieren beim Vorstellen und Präsentieren.
- Sie helfen Dir und anderen dabei, Sachverhalte und Lerninhalte besser zu merken und diese zu verstehen.
- Du hast die Informationen so gebündelt, dass du sie später einfacher abrufen und wiederverwenden kannst.
- Gerade durch das Erstellen visueller Notizen kannst Du die Verbindung zwischen Dingen aufdecken und verstehen.
- Das Erstellen und vor allem das Wieder-Betrachten macht viel mehr Spaß als ein normales Protokoll zu lesen!

Literaturhinweise

Fehler Möglichkeits Einfluss Analyse (FMEA): Informationsaufnahme, online abrufbar unter: https://www.fmea.wiki/wiki/informationsaufnahme/, letzter Zugriff: 19.07.2022.

Haussmann, Martin: UZMO – Denken mit dem Stift. Visuell präsentieren, dokumentieren und erkunden, Redline Verlag, 2015.

Kals, Elisabeth/Thiel, Kathrin/Freund, Susanne: Handbuch zur Konfliktlösung im Ehrenamt, Kohlhammer Verlag, 2019.

Lorenz-Spreen, Philipp/Mørch Mønsted, Bjarke/Hövel, Philipp/Lehmann, Sune: Accelerating dynamics of collective attention, in: Nature Communications 10/2019.

Roam, Dan: Auf der Serviette erklärt: So lösen Sie komplexe Probleme mit einfachen Zeichnungen, Redline Verlag, 2009.

Roam, Dan: Bla Bla Bla: Spannende Geschichten mit Illustrationen erzählen, Redline Verlag, 2012.

Rohde, Mike: Das Sketchnote Handbuch: Der illustrierte Leitfaden zum Erstellen visueller Notizen, MITP Verlag, 2014.

Rohde, Mike: Das Sketchnote Arbeitsbuch: Fortgeschrittene Techniken zum Erstellen visueller Notizen. MITP Verlag, 2015.

Reynolds, Garr: Zen oder die Kunst der Präsentation: Mit einfachen Ideen gestalten und präsentieren, dpunkt.verlag, 2. Auflage, 2012.

Roßa, Nadine: Sketchnotes. Die große Symbol-Bibliothek, Frech Verlag, 6. Edition, 2020.

Schaffranek, Ines: Sketchnotes kann jeder: Visuelle Notizen leicht gemacht – Für Einsteiger und Fortgeschrittene, Rheinwerk Design, 1. Edition, 2017.

Sibbet, David: Visuelle Meetings: Meetings und Teamarbeit durch Zeichnungen, Collagen und Ideen-Mapping produktiver gestalten, MITP Verlag, 2011.